인공지능
무엇이
문제일까

인공지능
무엇이 문제일까

초판 3쇄 발행 2023년 4월 15일

글쓴이   김상현

편집   이용혁
디자인   김현수, 문지현
마케팅   이주은

펴낸이   이경민
펴낸곳   ㈜동아엠앤비
출판등록   2014년 3월 28일(제25100-2014-000025호)
주소   (03737) 서울특별시 서대문구 충정로 35-17 인촌빌딩 1층
전화   (편집) 02-392-6903   (마케팅) 02-392-6900
팩스   02-392-6902
전자우편   damnb0401@naver.com
SNS

ISBN 979-11-6363-237-5 (43550)

10대가 꼭 읽어야 할
사회·과학교양 6

ARTIFICIAL

4차 산업혁명 시대
AI와의 일자리 경쟁,
그리고 공존

INTELLIGENCE

김상현 지음

인공지능 무엇이 문제일까?

동아엠앤비

작가의 말

　몇 권의 책을 낸 후 초등학교, 중학교 등에서 특강 신청을 받았습니다. 아이들이 잘 어울려주지 않아 그렇지 개인적으로 어린 친구들과 이야기하는 것을 좋아합니다. 그래서 부족한 지식에도 흔쾌히 전국으로 강연을 나가고 있습니다.

　강연의 시작은 언제나 '장래희망' 이야기로 시작합니다. 어릴 적 어떤 꿈을 가졌고 어떻게 과학 관련 글을 쓰고 콘텐츠를 만드는 일을 하게 됐는지 먼저 이야기를 해줍니다. 그리고 친구들의 가슴에 품고 있는 '꿈'을 물어봅니다.

　친구들의 이야기를 들으며 우리가 어렸을 때 이야기했던 '꿈'과 많이 다르다는 걸 느낍니다. '과학자', '대통령', '선생님'처럼 큰 범위의 직업을 희망했던 것이 우리 시대였다면 '생명공학 과학자', '중학교 수학 선생님', '이혼전문 변호사(실제로 초등학생 중에 이런 대답을 했던 친구가 있었습니다.)' 등 굉장히 세부적인 답변을 내고 있었습니다. 다만 많은 친구가 아직 꿈을 가지고 있지 않거나 그냥 '공무원'이라고 쉽게 답하는 현실이 조금 아쉬웠습니다.

　개인적으로 30명의 친구가 있는 교실이라면 30가지 꿈이 있어야 한다고 생각합니다. 아무리 허황된 꿈이라 하더라도 비웃으면 안 됩니다. "넌 공부 열심히 해서 꼭 판·검사나 의사가 돼야 해."라고 이야기하는 부모도 없어야 하지 않을까요?

　제가 그리 생각하는 이유는 바로 지금이 '인공지능의 시대'이기 때문입니다. 일부 특수한 직종에서만 인공지능을 활용하는 것이 아니라 사회 곳곳에서 인공지능이 사람의 일자리를 호시탐탐 엿보고 있습니다. 인공지능이 내 직업을 빼앗아 갈까봐 두려워하는 어른들은 오래전부터 계셨는데 이는 지금 하는 일 외에 다른 일에 자신이 없기 때문입니다.

아이들의 치아 치료만 한평생 해왔던 치과 의사는 인공지능을 가진 로봇 치과 치료가 가능해지면 당장 할 일이 없어집니다. 나름 정확하고 균형 있는 판결을 내렸던 판사라 해도 어느 날 인공지능에게 법복을 빼앗길지도 모릅니다.

그러나 우리에게는 인공지능이 갖고 있지 못한 '문제 해결 능력'과 '소통 능력'이 있습니다. 특히 '문제 해결 능력'은 4차 산업혁명 시대에 필요불가결한 능력입니다. 이제 막 기어 다니는 아이도 장애물과 마주치면 옆으로 밀칠지, 돌아서 갈지를 순식간에 판단할 수 있습니다. 하지만 인공지능은 관련 프로그램이 심어져 있거나 장애물에 대한 학습을 진행한 경우가 없다면 혼란 상태에 빠집니다. 정해진 목적 외에 발생하는 문제들을 해결할 수 있는 능력이 없기 때문입니다.

이 책에는 인공지능의 역사부터 미래 모습까지 다양한 이야기를 담았습니다. 병법의 천재라고 불리는 손자는 적을 알고 나를 알면 백 번 싸워 백 번 이길 수 있다고 했습니다. 인공지능에 대해 아는 만큼 미래에 대해 더 많은 준비가 가능하지 않을까요? 하루하루 급변하는 세상에서 내 꿈을 무엇으로 정해야 하는지, 그리고 무엇을 공부해야 하는지 설계가 가능해질 것입니다.

꿈은 빨리 정하고 준비할수록 좋습니다. 어릴 때는 너무 한정적인 분야로 정하지 말고, 넓게 생각하는 것이 세상에 쉽게 대처할 수 있을 것 같습니다. 과학자가 되고 싶었으나 능력이 부족해 과학자 이야기를 전하는 '과학 커뮤니케이터'가 된 저처럼 말입니다.

차례

※ 본문에서 책 제목은 『 』, 논문, 보고서는 「 」, 잡지나 일간지 등은 《 》로 구분하였습니다.

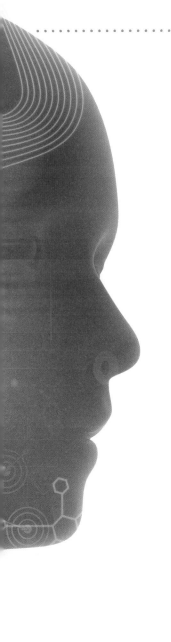

1부

인공지능이
대체 뭐길래

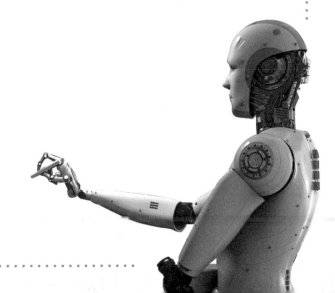

"인공지능은 인조인간을 만드는 과학이 아니다. 인간의 지능을 이해하는 과학이 아니다. 튜링 테스트(Turing Test)에서 제안한 것처럼 인간의 행동을 모방해서 기계가 인간이라고 믿게 해서 어떤 사람을 바보로 만들기에 충분한 가상물을 만들려는 과학도 아니다. 인공지능은 인간이 할 수 있거나 하려고 하는 일을 기계가 하게 만드는 과학이다. 대부분의 컴퓨터 과학과 공학이 이러한 정의를 포함하고 있다. 즉 인공지능에서는 인간이 하는 더 복잡한 일에 초점을 둔다."

1998년 인공지능 잡지 《AI Growing Up》에서 미국의 컴퓨터 언어학자 제임스 F. 알렌James F. Allen이 설명한 인공지능에 대한 정의입니다. 앨런 외에도 인공지능에 대한 정의는 많은 사람이 나름대로 내리고 있습니다. 누구는 인공지능이 인간의 삶을 윤택하게 할 것이며 세상을 유토피아로 만드는 데 큰 도움을 줄 것이라 하고 어떤 학자는 지금처럼 인공지능이 발전하게 된다면 예상되는 결과는 재앙뿐이라고 경고하기도 합니다.

학자들이 어떻게 생각하든 인공지능은 계속 발전하고 있습니다. 이미 많은 곳에서 인공지능은 인간과 함께 성장하고 생활하며 도움을 주고 있습니다. 그 성장 속도는 인간이 따라잡기 힘든 상황에까지 도달하려는 것처럼 보이기도 하고 벽에 부딪힌 것처럼 보이기도 합니다. 인공지능은 이제 컴퓨터 공학자만 연구하고 있지 않습니다. 수많은 물리학자와 수학자, 그리고 뇌 과학자를 포함한 다양한 바이오 분야에서도 인공지능은 매력적인 과제가 됐습니다. 경제 전문가들은 4차 산업혁명의 핵심 키워드로 인공지능을 꼽는 것에 주저함이 없습니다.

도대체 인공지능은 어떤 존재이길래 이렇게 세상 모든 사람의 주목을 받는 것일까요? 우리는 인공지능에게서 무엇을 얻고 무엇을 빼앗길까요?

인공지능 잡지 《AI Growing Up》

1장

인간을 닮은 컴퓨터의 시작

유튜브에 인공지능이라는 단어로 검색을 해보면 이 기술의 인기를 실감할 수 있습니다. 인공지능 드라마부터 시작해서 인공지능의 개념을 정리한 영상, 그리고 인공지능 시대에서 잘 살 수 있는 방법을 설명하는 강의까지 즐비합니다. 그만큼 인공지능이란 것에 대해 궁금한 것도 많고, 알고 싶은 것도 많다는 이야기입니다.

그래서인지 유튜브에서는 직접 'How Far is Too Far? | The Age of A.I.'라는 영상을 만들었습니다. 이 영상은 영화 '아이언맨'의 주인공인 로버트 다우니 주니어가 등장해 인공지능에 대해 설명하고 있습니다. 영상은 '컴퓨터 지능 행동의 시뮬레이션을 연구하는 컴퓨터 과학의 한 갈래'라고 인공지능을 정의하며 시작합니다. 로버트 다우니 주니어도 영상 초반에 말하지만 이 정의만으

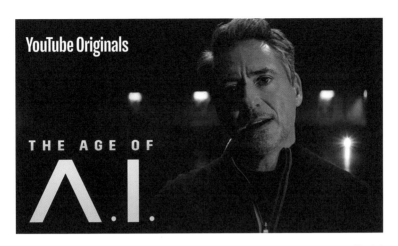

'How Far is Too Far? | The Age of A.I.'의 한 장면

로는 무슨 뜻인지 잘 모르겠습니다. 이처럼 인공지능이라는 단어는 들어본 적은 많은 것 같은데 정작 명확한 정의에 대해 깊게 생각해보지 않은 존재입니다. '기계적으로 만들어진 두뇌', '컴퓨터를 이용한 이상적인 지능을 갖춘 장치' 정도가 가장 보편적인 생각인 것 같습니다. 인공지능은 생각보다 복잡하고 다양합니다. 역사도 이미 50년을 훌쩍 넘어섰습니다. 이세돌 9단을 바둑으로 이겨 반짝 스타가 된 '알파고'만이 인공지능의 전부가 아니라는 얘기입니다.

그렇다면 인공지능 개발은 언제 시작한 걸까요? 컴퓨터와 생일이 비슷하거나 늦은 것은 아닐까요? 파스칼Blaise Pascal이 덧셈과 뺄셈을 자동으로 할 수 있는 기계식 계산기를 고안한 이후 1950년대 초나 되어서야 '컴퓨팅 머신(Computing Machine)'이라는 말이 생겼습니다. 인공지능에 대한 논의도 비슷한 시기에 시작했습니다.

「계산기계와 지성」논문 첫 페이지

1940년대 후반과 1950년대 초반에 다양한 영역의 과학자들이 본격적인 논의를 시작했습니다. 가장 중요한 사건은 1950년에 앨런 튜닝Alan Mathison Turing이 인공지능에 대한 중요한 논문 「Computing machinery and intelligence(계산기계와 지성)」을 발표한 일입니다. 여기서 현재 튜링 테스트라 불리는 인공지능 실험을 제안하게 됩니다.

튜링의 논문 발표 이후, 전문가들은 1956년 다트머스 콘퍼런스(Dartmouth Conference)를 인공지능이 학문 분야로 들어선 역사적인 순간으로 평가하고 있습니다. 이 행사를 주최한 존 매카시John McCarthy가 자신들의 연구를 '인공지능(Artificial Intelligence)'이라 불러주길 요청했기 때문입니다. 매카시는 1958년 매사추세츠공과대학교(MIT)에서 인공지능의 기본 언어인 LISP(LISt Processor) 프로그래밍 언어를 개발했습니다. 인공지능의 아버지로 불리는 그는 인간의 지능을 이해하고 이를 충분히 컴퓨터에게 가르쳐 줄 수 있다는 생각으로 인공지능을 연구했습니다.

매카시와 함께 이 기술을 개척한 인물을 꼽자면 단연 마빈 민스키Marvin Lee Minsky를 떠올릴 수 있습니다. MIT의 인공지능 연구소를 설립한 인물 중 하나며 인공지능에 관련한 수많은 연구와 책들을 저술했습니다. 인공지능이라는 단어가 나오기도 전인 1951년, 박사 학위 과정 중에 진공관을 이용해 사람의 뇌를 본뜬 세계 최초의 신경망 컴퓨터 'SNARC(Stochastic Neural Analog Reinforcement Calculator)'를 만들기도 했습니다.

민스키는 인간의 뇌에 많은 관심을 가지고 있었습니다. 그는 인간의 지능은 뇌에 저장되어 있는 정보의 양과 그것을 활용하는 능력에 의해 결정된다

마빈 민스키

설치 중인 에니악

고 봤습니다. 즉 사람을 '생각하는 기계'라고 생각했으며 이 이론을
기계에 접목하는 것이 가능하리라 여겼습니다. 그리고 이 생각에
가장 근접한 기술이 바로 컴퓨터였습니다. 민스키의 눈에 띈 컴퓨
터는 에니악(ENIAC, Electronic Numerical Integrator And Computer)이었습니다.
1946년 2월 14일에 탄생한 이 30톤짜리 컴퓨터는 포탄의 탄도학을
계산하기 위해 개발되었습니다. 거창하게 '전자 수치 적분기 겸 컴
퓨터'라는 이름을 가지고 있지만, 지금으로 따지면 휴대용 공학계
산기 정도의 성능을 가지고 있을 뿐이었습니다.

　하지만 에니악은 당시 최고의 컴퓨터였으며 민스키에게도 이 기
계는 '사람의 두뇌를 닮은 기계'로 보였습니다. 거기다 매우 빠르고
정확한 계산을 해내는 것을 보고 원래 목적인 탄도 계산 말고 다른
분야에도 사용할 수 있을 것이라 기대했습니다.

이러한 기대가 인공지능 연구에 컴퓨터를 활용하도록 했습니다. 인공지능은 결국 인간의 뇌를 흉내 낸 것에 불과합니다. 뇌에는 엄청나게 많은 신경세포(뉴런)가 있습니다. 최신 연구에서는 뇌 신경세포의 수를 대략 860억 개 정도로 보고 있습니다. 각각의 신경세포에서 수천, 수만의 가지가 뻗어 나와 다른 신경세포와 연결됩니다. 이러한 뇌의 구조를 모방한 것이 바로 인공지능입니다.

민스키는 뉴런과 시냅스의 정체가 밝혀지기 한참 전부터 사람의 뇌가 수많은 신경세포들이 연결된 형태라고 보았습니다. 각각의 세포가 지능을 가지고 있는 것이 아니라 '어떻게 연결하는가'에 따라 지능이 생긴다고 보고, 컴퓨터의 전자 부품들을 신경세포들처럼 연결해 프로그램을 짜넣는 것으로 인공지능을 만들 수 있다고 생각했습니다. 앞서 말한대로 당시에는 공학 계산기 정도의 성능을 가진 컴퓨터 밖에 없었지만 이후 컴퓨터의 성능이 좋아진다면 인간이 프로그램하지 않아도 스스로 알아서 판단하는 것도 가능할 것이라 여겼습니다. 결국 민스키가 생각했던 인공지능은 인간의 뇌를 닮은 컴퓨터였습니다.

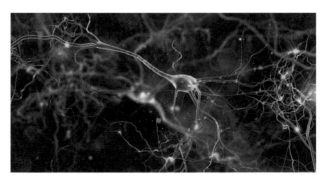

인간 뇌 속의 뉴런 개념도

2장

똑똑한 컴퓨터는 다 인공지능일까

1950년 파스칼이 세무사였던 아버지를 돕기 위해 고안한 최초의 컴퓨터는 기계식 계산기였습니다. 그러니까 1950년대에 사용한 컴퓨팅 머신이라는 말은 지금 우리가 쉽게 볼 수 있는 퍼스널 컴퓨터(PC)가 아닌 계산기를 이야기한 것이죠. 그러다 점점 발전하면서 뒤에 머신이라는 단어가 빠지고 본격적으로 컴퓨터라고 불리게 됩니다.

원래 컴퓨터는 입력 자료를 받아서 처리하고 그 정보를 출력하는 장치입니다. 보통 컴퓨터는 입력장치, 중앙처리장치, 주기억장치, 출력장치가 기본입니다. 입력장치를 이용해 컴퓨터에 데이터를 입력하고 그 데이터를 기본으로 중앙처리장치가 계산해 모니터나 프린터 같은 출력장치에 결괏값을 보여주게 됩니다. 주기억장치는 입력한 데이터와 결괏값을 기억하는 역할을 합니다.

보통 데이터를 처리하는 중앙처리장치를 사람의 뇌에 비교하기도 합니다. 중앙처리장치는 쉽게 말해서 입·출력 장치들과 정보를 교환하면서 시스템 전체를 제어하는 장치입니다. 기억, 해석, 연산, 제어 등 중요한 역할을 맡기 때문에 컴퓨터의 두뇌라 불리지만 그 스스로 지능을 가졌다고 할 수는 없습니다. 중앙처리장치가 컴퓨터의 행동을 제어하고 통제하더라도 모든 것은 결국 인간의 지시에 의해 이뤄집니다.

컴퓨터를 이해하려면 중앙처리장치, 즉 CPU(Central Processing Unit)를 이해하는 것이 중요합니다. 그러기 위해서는 우선 마이크로프로세서부터 출발합니다. 마이크로프로세서의 용도는 집안에서 사용하는 간단한 전자제품에서부터 컴퓨터 제품까지 매우 다양합니다. 마이크로프로세서는 전기신호를 이용해 데이터를 교환하고 제어하고 명령합니다. 일반적인 마이크로프로세서보다 강력한 기능을 가지도록 만든 것이 바로 컴퓨터에서 사용하는 CPU입니다.

인텔에서 출시한 CPU

2020년 6월 새롭게 세계 최고가 된 슈퍼컴퓨터 후가쿠 © RIKEN

CPU를 한 줄로 표현해본다면 '연산을 위해 만들어진 수많은 트랜지스터의 집합체'라고 정의할 수 있습니다. CPU의 성능이 PC의 속도와 성능을 결정하는 가장 중요한 역할을 합니다. 하지만 CPU 성능이 높다고 해서 컴퓨터의 지능이 높다고 하지는 않습니다. 왜 그럴까요?

CPU의 성능이 높은 컴퓨터라고 하면 슈퍼컴퓨터가 생각납니다. 2020년 6월 현재 세계에서 가장 빠른 슈퍼컴퓨터는 일본 후지쯔 (Fujitsu)와 이화학연구소(RIKEN, 理研)의 후가쿠(富岳)입니다. 하지만 이 슈퍼컴퓨터도 이를 적절하게 사용할 수 있는 프로그램이 있지 않으면 그저 거대한 고철덩이에 불과합니다.

2019년 4월 25일 대전 기초과학연구원(IBS) 본원에서 'IBS 슈퍼컴퓨터 개통식'이 열렸습니다. IBS의 슈퍼컴퓨터는 '알레프(ALEPH)'라는 이름을 가지고 있습니다. 이 컴퓨터는 IBS 기후물리 연구단(단장 악셀 팀머만, Axel Timmermann)을 시작으로 이론물리, 계산과학 등 기초과학 경쟁력을 끌어올리는데 본격적으로 이용될 것이라고 합니다. 알레프의 연산속도는 1.4377 PF(페타플롭스-1PF는 1초에 1천조 번의 연산이 가능한 속도)입니다. 1초 동안 76억 지구인 전체가 손에 계산기를 들고 각각 19만 건을 계산하는 양입니다. 혼자 이 양을 계산하려면 1초에 1번 계산을 한다고 쳐도 4558만 9167년이 걸립니다. 정말 똑똑한 컴퓨터라고 볼 수 있겠죠. 그런데 왜 이러한 컴퓨터들의 지능이 높지 않다고 하는 걸까요?

예를 들어서 고양이 사진 10만 장이 있다고 생각해 봅시다. 그중에 한 장을 골라 같은 사진을 찾아 달라고 한다면 컴퓨터는 인간보다 월등히 빠른 시간 내에 찾아 보여줄 겁니다. 하지만 그 컴퓨터에서 집에서 키우는 고양이를 보여주고 이게 무슨 동물이냐고 물어보면 대답하지 못하겠죠. 10만 장의 고양이 그림을 가지고 있어도 집에서 키우는 고양이를 '고양이'라고 알려주지 않으면 알 수가 없는 겁니다. 3살짜리 아이보다 지능이 떨어진다고 할 수 있습니다.

하지만 인공지능이 있는 컴퓨터라면 말이 다릅니다. 10만 장의 고양이 사진을 보고 스스로 학습한 후에 처음 보는 고양이도 '고양이'라는 걸 알 수 있게 되는 거죠. 이게 바로 최근 가장 유명한 인공지능 소프트웨어인 '기계학습'입니다. 사람이 기계를 가르치지 않아도 컴퓨터 스스로 학습하게 할 수 있게 된 거죠. 그걸 이용해서 사람처럼 알아서 판단을 내리는 겁니다.

인공지능을 가지기 위해 슈퍼컴퓨터처럼 커다란 장치가 필요하지는 않습니다. 최근에는 단돈 10만 원 정도면 인공지능을 만들 수 있는 키트를 구매할 수도 있습니다. 2019년 엔비디아는 젯슨 나노(Jetson Nano)라는 인공지능 컴퓨터를 출시했습니다. 이 제품은 개발자 및 제조사를 위한 99달러(약 11만 원) 가격의 개발자 키트와, 범용 엣지 시스템을 구축하고자 하는 기업들을 위한 프로덕션 레디(Production-ready) 모듈의 두 가지 버전으로 제공됩니다.

젯슨 나노 개발자 키트는 합리적인 가격의 플랫폼에서 최신 인공지능 기능을 사용할 수 있습니다. 이를 통해서 이전에는 불가능했던 인공지능 프로젝트를 구축할 수 있고, 이동 로봇, 드론, 디지털 어시스턴트, 자동화기기 등 기존 프로젝트도 업그레이드할 수 있습니다. 가격이 저렴해지면 많은 프로그래머가 인공지능 연구에 접근하기 수월해지겠죠. 그러면서 수많은 똑똑한 컴퓨터들에게 지능을 심어주게 될 겁니다. 곧 우리 집 컴퓨터도 인공지능을 가지게 되는 시대가 실현될 겁니다.

엔비디아의 인공지능용 컴퓨터 젯슨 키트

3장

인공지능의 공부법

컴퓨터가 그저 똑똑한 컴퓨터를 넘어 인공지능이라는 명칭을 제대로 써먹게 된 것은 사실 그리 오래되지 않았습니다. 인공지능 연구는 여러 차례 빙하기를 거쳐왔습니다. 인간처럼 생각하고 문제를 풀 수 있는 인공지능을 구현하려는 연구는 1970년대까지 활발히 진행되었지만 단순히 간단한 문제풀이뿐만 아니라 좀 더 복잡한 문제까지 풀기 위한 수준까지 도달하는 것은 너무 어려웠습니다. 결국 인공지능 연구는 첫 번째 빙하기를 맞이하게 됩니다.

그러나 인공지능 연구는 1980년대에 들어와 서서히 고개를 다시 들게 됩니다. 가정용 컴퓨터의 보급과 더불어 정보화 시대, 즉 3차 산업혁명 시대가 도래하면서였습니다. 이 시기에는 컴퓨터에 지식과 정보를 학습시키는 연구가 이뤄졌습니다. 실제로 여러 실용적

1980년대의 가정용 컴퓨터

인 전문 시스템들이 개발되기도 했습니다. 하지만 필요한 데이터를 만들어 내는 방법과 늘어나는 데이터의 관리 문제 등에 부딪히면서 1990년대까지 인공지능 연구는 다시 수면 아래로 가라앉게 됩니다.

20세기 말, 인공지능은 두 번째 기지개를 켜게 되는데 바로 인터넷의 부흥 덕분입니다. 검색 엔진의 등장과 함께 이전과는 차원이 다른 양의 데이터가 생겨나기 시작했고 그런 데이터의 양산은 2000년대를 넘어서면서 기계학습(Machine Learning)을 탄생시켰습니다. 인공지능이 급속하게 발달할 수 있게 된 이유도 바로 이 기계학습 덕입니다. 인간이 기계를 가르친다는 기존 방식에서 벗어나 기계 스스로 학습할 수 있게 된 것이 큰 변화를 불러온 겁니다.

기계학습이라는 단어는 2006년 캐나다 토론토대학의 제프리 힌튼 교수가 처음 발표하면서 알려졌습니다. 현재는 구글, 페이스북 같은 해외 IT 기업들은 물론이고 네이버, KAKAO와 같은 국내 기업들에서도 앞다투어 연구 중인 기술입니다.

인공지능, 무엇이 문제일까?

기계학습은 인공지능의 대표적인 기술이다.

우리가 평소에 사용하는 인터넷 검색 기술도 전부 기계학습의 결과물입니다. 얼굴인식, 지문인식은 물론 메일함에서 스팸 메일을 걸러내는 일도 기계학습이 있어서 가능합니다. 기본적으로 알고리즘을 이용해서 데이터를 분석하고, 그걸 바탕으로 학습하며 판단하고 예측합니다. 다시 한 번 강조하지만 기존에는 데이터와 함께 의사 결정까지 인간이 기계에 프로그래밍해 알려줬다면, 컴퓨터가 스스로 '학습'하면서 어떻게 일을 해야 하는지 알게 하는 것이 기계학습의 궁극적인 목표였죠.

이 기계학습의 발전사에서 가장 획기적인 분야가 바로 딥러닝입니다. 딥러닝은 2012년 캐나다 토론토 대학의 제프리 힌튼Geoffrey Hinton 교수팀이 개발했습니다. 그림 인식 경연대회에서 인공지능이

알파고 제로는 바둑의 이치를 스스로 깨달았다.

우승하면서 많은 관심을 모았고, 구글 산하의 딥마인드(DeepMind)사
가 개발한 바둑 인공지능 '알파고(Alphago)' 덕분에 세상에 그 이름이
알려졌습니다.

2016년 이세돌 9단과 대국으로 사람들에게 충격을 안긴 알파고
는 이후에도 당시 바둑 세계 1위였던 커제 9단과 승부를 겨뤄 승리
를 거두기도 했습니다. 알파고 자체는 2017년 12월 12일 교육 툴
을 끝으로 개발을 완전히 종료했지만 알파고 기술을 기반으로 한
인공지능 연구는 이후에도 계속되고 있습니다.

알파고의 등장 이후 세계 인공지능 개발자들은 딥러닝에 몰두하
고 있습니다. 딥러닝은 인간의 신경망을 흉내 내서 만든 기술입니
다. 애초에 인간의 신경망을 흉내 내는 것은 컴퓨터가 처음 등장했
을 당시에도 '뉴럴 네트워크(Neural Network)'라는 기술로 존재해 왔습
니다. 뉴런과 시냅스가 연결하는 모양을 본떠 만든 인공신경망은

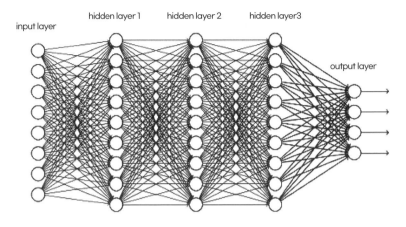

인공신경망은 인간의 신경망을 모사해 설계했다.

과학자들에게 아주 매력적인 기술이었기에 이후 약 70년 이상 사라지지 않고 꾸준히 전해져 왔습니다. 하지만 그동안 커다란 발전이 없었던 것도 사실입니다.

사람이 어떤 물체에 대해 학습을 한다고 가정해 봅시다. 종이컵을 가정하면 그 컵에 대한 질감, 모양은 물론이고 색상, 크기, 정면 모습, 상단 모습, 입체 모습 등 매우 다양한 부분에 대해 정보를 획득해야 할 것입니다. 그리고 컵이라는 단어와 그 형상들의 조합을 일치시키는 일을 하겠죠. 이 정보들을 분류하고 조합하는 단계가 많을수록 더 많은 종류의 컵을 인식할 수 있습니다. 분류 조합하는 단계가 딱 한 번이라면 처음 본 컵이 둥근 물체일 경우 이후로 컵은 모두 둥근 물체로만 인식이 될 것이고 그 둥근 모양조차도 다양하지 못하게 되는 겁니다.

초기의 인공신경망은 이 단계를 다섯 번 이상 넘기지 못했습니다. 정보를 분류하고 조합하는 단계가 늘어날수록 어떻게 정보를 전달해야 할지 방법을 정립하지 못했기 때문입니다. 결국 연구자들은 하나둘씩 기계학습에서 손을 떼기 시작했습니다. 성공하기 힘든 분야라고 느끼고 포기하는 경우가 늘어나게 된 거죠. 하지만 딥마인드의 데미스 허사비스Demis Hassabis 같은 사람들은 끝까지 물고 늘어졌습니다. 2006년부터 인공신경망 학습의 단계를 여러 단계로 늘리는 것에 성공했다는 논문들이 나오기 시작합니다. 그렇게 '딥러닝'이라는 단어가 등장합니다. 이 책에서 말하는 단계를 기술 용어로 레이어(Layer)라고 하는데, 이 레이어를 '딥'하게 깔고 또 깔아서 딥러닝인 겁니다.

딥러닝이 생겨나면서 인공지능은 스스로 공부하기 시작합니다. 알파고는 인터넷을 통해 수많은 기사들과 바둑을 두고, 또 거기에서 기보를 가져와 교사 학습(Supervised Learning)을 시작했습니다. 이후 교사 학습한 결과를 바탕으로 알파고끼리 서로 대국을 이어가며 성능을 업그레이드해나가는 강화 학습(Reinforcement Learning)은 물론이고 대전 기록을 복기하며 성능을 개선하는 공부까지 진행했습니다. 처음에만 사람에게 바둑을 배운 것이지 이후에는 스스로 실력을 향상시켰다고 볼 수 있는 겁니다. 딥러닝의 장점과 무서움이 바로 여기에 있습니다. 땡땡이치지 않고 정말 열심히 공부하는 기계가 바로 인공지능입니다.

4장

뇌는 인공지능의 선생님

인공신경망이나 딥러닝은 숫자와 수식으로 이루어진 알고리즘입니다. 하지만 인간의 뇌신경을 모방해서 만들었다고 했습니다. 그러면 인간의 뇌는 어떻게 이루어져 있을까요? 인간의 뇌도 중앙처리장치와 저장장치, 입출력장치가 별도로 있을까요? 딥러닝은 여러 단계를 거쳐 학습한다고 했는데 인간은 몇 단계에 걸친 학습을 진행할까요?

인간이 뇌의 비밀을 모두 푸는 날이 바로 인간과 똑같은 인공지능을 만드는 날이 될 것입니다. 딥러닝을 비롯한 인공지능은 인간 뇌의 뉴런과 시냅스 연결을 수십 개의 인공신경망으로 구현해 컴퓨터로 제어하는 방식, 즉 가상의 뉴런을 시뮬레이션하는 것과 마찬가지이기 때문입니다.

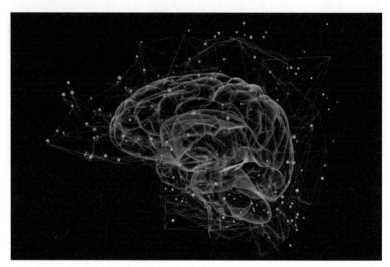

인공지능은 뇌에 대한 비밀을 풀수록 발전한다.

　그만큼 인간의 뇌는 아직도 비밀에 가득 싸여 있습니다. 인간의 뇌는 크게 세 가지 구조로 이루어져 있습니다. 우선 가장 안쪽 부분에 척수와 연결되어 기본적인 생명 유지 활동을 하는 '뇌간(腦幹, Brain stem)'이 있습니다. 그리고 그 뇌간을 '변연계(邊緣系, Limbic system)'가 둘러싸고 있습니다. 이 변연계는 기쁨, 슬픔, 분노, 두려움 등 감정을 담당하고 있으며 안쪽의 뇌간과 바깥쪽의 대뇌피질을 연결하는 네트워크 선 역할도 함께하고 있습니다. 그리고 가장 바깥쪽에는 '대뇌피질(大腦皮質, Cerebral cortex)'이라고 불리는 부위가 있는데 사람의 논리적 사고와 이성적 사고는 이 대뇌피질을 통해 이뤄집니다. 단 세 가지 부분으로만 나누어 설명했음에도 인간의 뇌는 매우

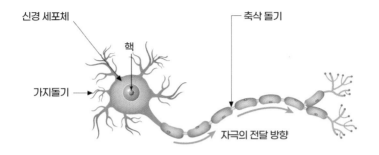

신경 세포체

핵

축삭 돌기

가지돌기

자극의 전달 방향

뉴런의 구조

복잡하게 구성돼 있다는 것이 느껴질 겁니다.

　이러한 두뇌의 활동에 있어 신경세포(뉴런, Neuron)의 구조와 활동은 매우 중요합니다. 신경세포는 크게 핵이 있는 세포체, 다른 신경세포로부터 신호를 받아들이는 수상돌기, 그리고 신경세포에서 다른 신경세포로 전달하는 축삭 또는 축색돌기의 세 부분으로 이루어집니다. 하나의 신경세포에는 한 개부터 수만 개까지 다양한 수상돌기가 생겨납니다. 이 수상돌기가 네트워크 선 역할을 맡아 다른 신경세포에서 전달되는 신호를 받아들입니다.

　뇌의 신경계를 이야기할 때 가장 많이 등장하는 단어가 바로 뉴런과 시냅스일 것입니다. 시냅스는 축색돌기가 다른 신경세포의 수상돌기와 만나면서 신경전달물질이라는 화학물질을 주고받는 틈을 이야기합니다. 보통 100만분의 1cm 정도의 간격입니다. 신호가 발생해 신호를 전달하는 신경세포를 시냅스 전 신경세포라고 하고,

신호를 전달받는 신경세포를 시냅스 후 신경세포라고 합니다. 이 시냅스가 중요한 이유는 시냅스 틈에서 분비하는 신경전달물질이 우리 몸의 상태나 감정에 영향을 미치기 때문입니다.

  간단하게 서술했지만 이러한 모든 것이 융합되어 인간을 만들어 내는 것입니다. 학습하고 기억하고 움직이고 느끼는 등의 모든 행위들은 뇌가 책임지고 있죠. 그걸 어떻게 인공지능으로 만들까요? 예를 들어 단계가 하나인 단층신경망에서 신경세포들은 수상돌기 (Input)에서 다수의 신호를 받아들이고 축색돌기(Output)에서 두 분류의 신호를 출력한다고 가정합시다. 그 사이는 시냅스로 연결돼있는데 신호가 전달되기 위해서는 일정 기준 이상의 전기 신호가 존재해야 합니다. 이 알고리즘의 원리를 풀어본다면 다음처럼 됩니다.

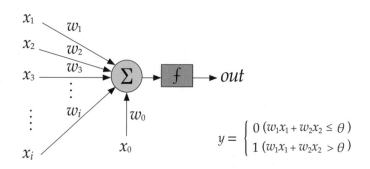

$$y = \begin{cases} 0 \ (w_1x_1 + w_2x_2 \leq \theta) \\ 1 \ (w_1x_1 + w_2x_2 > \theta) \end{cases}$$

  이러한 방식으로 설계를 발전시켜 인공지능을 만들게 되는 겁니다. 그러므로 뇌의 구조를 정확하게 알아낼 수만 있다면 크기는 다소 커지더라도 더욱 완벽한 뇌 모형을 만들어 낼 수 있으리라 여겨지는 겁니다. 인공지능의 모델이자 스승은 바로 인간의 뇌입니다.

2000년대 초 과학기술자들은 '인간 유전자 지도'를 만들어 냈습니다. 이후 유전자 염기 서열의 분석을 넘어 뇌 신경 지도를 만들기 위해 노력하고 있습니다. 이를 인간 커넥톰(Connectome) 지도라고 합니다. 신경세포 사이의 연결성에 대한 세계적 관심을 불러일으킨 사람은 미국 위스콘신주립대의 존 화이트John White 교수입니다. 이 사람은 공초점 레이저(Confocal Laser)를 개발한 것으로도 유명한데 1986년 예쁜꼬마선충(Caenorhabditis elegans, 선형동물의 일종)의 뇌에 있는 302개 신경세포 사이의 모든 연결성을 찾아 지도로 만들었습니다. 예쁜꼬마선충의 신경세포는 302개에 불과했지만 각 신경세포들의 연결쌍은 7천 개가 넘었습니다. 이 7천 개의 연결을 눈으로 보고 모두 파악하는데 얼마나 걸렸을까요? 연구팀은 완전한 '커넥톰'을 만드는데 20년이란 세월을 투자했습니다.

그럼 인간의 신경세포는 몇 개나 있을까요? 과학자들은 인간의 신경세포가 1천억 개 이상 있다고 보고 있습니다. 그리고 신경세포 사이의 연결인 시냅스는 1천조 개 이상인 것으로 알려졌습니다. 인간 유전자 지도를 만드는 데 우리는 13년이라는 시간이 걸렸습니다. 인간의 유전자 염기서열의 쌍은 총 30억 개입니다. 그렇다면 과연 인간 뇌의 연결성 지도를 만들어 내는 데는 어느 정도 시간이 걸릴까요? 현재 기술로는 아마 불가능할지도 모릅니다.

하지만 전 세계 연구자들이 분석을 나눠서 한다면 어떨까요? 그 일이 바로 2010년 세계적인 뇌과학자와 뇌공학자들이 모여 만든

'인간 커넥톰 프로젝트'입니다. 뇌의 연결성 지도는 신경섬유 다발의 공간적인 분포를 의미하는 '해부학적 연결성 지도'와 눈에 보이지 않지만 뇌의 영역과 영역이 서로 정보를 주고받는 관계를 지도로 나타내는 '기능적 연결성 지도'로 나뉩니다.

뇌지도 개발에 구글도 뛰어들었습니다. 2018년 구글은 인공지능 기술을 이용해 인간 뇌지도 제작에 도전한다고 발표했습니다. 인공지능의 발전을 위한 뇌지도 개발에 인공지능을 사용하게 된 겁니다. 구글에서 커넥톰 프로젝트를 이끄는 바이렌 자인Viren Jain 구글 리서치 사이언티스트는 2018년 "현재 연구하고 있는 것 중 가장 큰 단위가 겨우 1㎣ 크기의 뇌 구조 이미지인데, 이것만으로도 페타바이트(PT, 약 105만 기가바이트) 수준의 데이터가 나온다"며 "실제 인간 뇌는 이것보다 100만 배 이상 크기 때문에, 전체 뇌지도를 그리기 위해서는 구글을 포함한 여러 혁신 영역이 함께 최소 10년 이상 지속해서 연구해야 한다."고 설명했습니다.

구글이 인간 뇌지도 연구에 투자하는 이유는 인공지능의 발전을 위해서입니다. 인공지능의 기본 기술이 바로 인간의 신경망을 닮은 인공신경망이기 때문입니다. 인간이 어떻게 생각하고 어떻게 판단하는지에 대한 비밀을 풀어낸다면 인간 같은 인공지능을 개발할 수 있다고 믿고 있는 겁니다. 물론 인간의 뇌가 워낙 복잡한 구조인 만큼 뇌지도가 100% 완성되리란 보장은 없습니다. 또 완성된다 해도 그것이 인공지능 연구에 도움이 될 것이라고 확답할 수도 없습니다. 하지만 인류에게 긍정적인 부분으로 작용할 것임에는 분명하

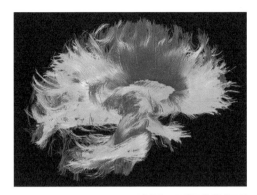

**커넥톰 프로젝트에서 발표한
인간 뇌의 연결망을 보여주는 뇌 연결 지도**

다는 것이 수많은 뇌과학자와 뇌공학자들의 생각입니다. 실제로 지금까지의 연구만으로도 자폐증, 조현병, 파킨슨병과 같은 뇌질환의 원인을 밝힐 수 있는 실마리를 제공했으며 뇌수술 기법에도 많은 도움이 되고 있습니다.

5장

우리는 인공지능의 시대에 살고 있다

인공지능은 우리 주변에 빠르게 적용되고 있습니다. 인터넷이 연결되어있는 곳이라면 어느 곳이든 인공지능의 모습이 보이지 않는 곳이 없습니다.

인공지능의 형태는 크게 '약한 인공지능(weak AI)'과 '강한 인공지능(strong AI)'으로 나눌 수 있습니다. 약한 인공지능은 인간의 다양한 능력 가운데 특정 능력만 구현할 수 있습니다. 문제를 스스로 생각하거나 해결할 수 없는, 사람만큼의 지능을 기대할 수 없는 컴퓨터 기반의 인공적인 지능들이 여기에 속합니다. 하지만 이 녀석도 일반 사람 눈높이에서 봤을 때는 엄청나게 똑똑한 장치임은 틀림없습니다. 방대한 데이터와 정보를 기반으로 똑같은 문제에 대한 수행을 사람보다 월등한 능력으로 해낼 수 있기 때문입니다. 하지만 어디까지나 사람의 지능을 흉내 내는 것에 불과합니다. 이와 반대로 강한 인공지능은 자신이 인공지능인 것을 자각할 수 있을 만큼 지적 수준이 우수합니다. 영화에 나오는 수많은 인공지능은 대부분 강한 인공지능입니다.

현재 우리 주변에는 대부분 약한 인공지능을 사용하고 있습니다. 대표적인 예로 인공지능 비서나 구글, 네이버와 같은 검색 시스템들을 꼽을 수 있습니다.

인공지능의 활용으로 가장 대표적인 분야는 내비게이션을 꼽을 수 있습니다. 처음에는 인공위성 사진과 서비스 업체에서 직접 촬영한 데이터를 기반으로 한정적인 서비스를 했습니다. 하지만 스마트폰의 보급과 함께 데이터가 늘어나고 이것들이 빅데이터가 되면서 더욱 자세한 서비스가 가능해졌습니다. 인공지능으로 분석한 데이터를 바탕으로 최적의 경로를 찾아주는 것은 물론이고, 사용자의 주행 습관이나 식습관까지 구분해 경로와 식당을 추천하기도 합니다. 최근에는 전국 도로의 특성을 분석해 안전한 경로를 보여준다거나 통행량이 적어 과속 위험이 높은 심야에 차량 간격을 고려해 경고가 발송되는 범위를 조절하는 등의 서비스도 인공지능의 힘을 빌리고 있습니다.

이제는 집집마다 하나씩 있는 인공지능 스피커도 빠르게 발전하고 있습니다. 인공지능 스피커는 2018년 3분기에만 전 세계에서 1,970만 대가 팔려나갔습니다. 이는 2017년에 비해 2배가 넘는 수치입니다. 처음에는 날씨나 물어보고 알람이나 맞춰주던 인공지능 비서가 이제는 자동차 시동도 미리 걸어주고 보일러 온도까지 조

인공지능 스피커

절해 줍니다. 평소 즐겨 듣는 음악을 분석해서 좋아할만한 음악을 알아서 추천해 주는 기능은 말할 것도 없습니다. 앞으로는 웨어러블 기기와 연동으로 사용자의 건강 신호에 이상이 생길 때 자동으로 의료 서비스나 긴급 구조 서비스를 요청할 수 있는 수준까지 발달한다고 합니다. 인공지능 추천 시스템은 우리의 삶에 완전히 정착했습니다. 구글이나 넷플릭스에서 사용자가 평소 관심 있던 제품이나 영화를 자동으로 찾아주는 서비스는 이제는 없는 것이 이상할 정도입니다. 최근에는 ㈜플랜아이 같은 국내 기업에서도 새로운 인공지능 추천 시스템을 자체적으로 개발해 정부 기관 홈페이지 등에 적용하고 있습니다.

이 기업이 만든 추천 인공지능 AIVORY는 다른 추천 시스템과 다

TTS는 인공지능을 이용해 텍스트를 음성으로 바꿔주는 서비스다.

르게 여러 사람의 이용 패턴을 학습합니다. 그 중 가장 많은 사람이 이용한 패턴을 바탕으로 추천하는 방식입니다. 예를 들어 볼까요? 인공지능을 검색한 사람 중에서 많은 사람이 도서 검색으로 '인공지능 무엇이 문제일까?'를 검색했다면, 내가 '인공지능'을 검색했을 때도 같은 책을 우선적으로 추천해 주게 된다는 겁니다. 이렇게 인공지능 추천 시스템은 계속 고도화되면서 알지 못하는 사이에 우리의 정보 소비 패턴에 깊숙하게 관여하고 있습니다.

책을 읽어주는 TTS(Text To Speech) 서비스도 딥러닝을 통해 더욱 자연스러워지고 있습니다. 딱딱하고 어색했던 컴퓨터 음성이 이제는 실제 사람이 읽어주는 것 같은 수준까지 올라와 있습니다. 다양한 목소리까지 접목해서 간단한 영상은 성우 대신 TTS를 이용해 제작하는 크리에이터들이 점점 늘어나고 있습니다. 2018년에는 중

RoBoHoN
ロ ボ ホ ン

중매쟁이 로봇,
샤프의 로보혼 © SHARP

국 관영 통신사인 신화통신에서 최초의 인공지능 아나운서가 등장했습니다. 신화통신에 근무하는 두 아나운서를 모델로 목소리까지 그대로 따라합니다. 인공지능 아나운서는 지치지 않고 잠도 자지 않습니다. 새벽 급보를 알려야 할 때 깊은 잠에 빠진 아나운서를 흔들어 깨울 필요가 없어졌습니다.

인공지능과 사랑에 빠진 사람도 있습니다. 2017년 중국에서는 한 인공지능 전문가가 자신이 만든 인공지능과 결혼식을 올렸습니다. '잉잉'이라고 이름 붙인 이 인공지능은 이미지와 한자를 식별하고 인간과 몇 마디 대화를 할 수 있을 뿐입니다. 그럼에도 불구하고 이 개발자는 자신의 창조물에게 독특한 애정을 느끼게 된 것입니다. 일본에서는 인공지능이 중매를 서기도 합니다. 2016년 전자기기 업체 샤프는 맞선 파티에 로보혼(RoBoHoN)이라는 인공지능을 선보였습니다. 이 로봇은 서먹한 남녀의 사이에서 중매자 역할을 했으며 덕분에 32쌍 중 4쌍이 커플로 맺어졌습니다.

유통 분야에서도 인공지능의 역할은 매우 중요합니다. 현재 많은 인터넷 쇼핑몰들은 상담을 위해 챗봇을 이용하고 있습니다. 챗봇은 홈페이지뿐만 아니라 카카오톡 등 메신저를 이용해 고객의 문의에 대해 친절히 답합니다. 소비자는 상담원과의 연결을 위해 긴

시간 통화 연결음을 들을 필요도 없고, 업체는 상담원과의 불화로 인한 민원도 줄일 수 있습니다. 아직 완벽하게 상담원의 역할을 대체할 수는 없지만 재고 문의나 배송 현황 등 간단한 의문은 챗봇을 통해 쉽게 해결할 수 있습니다. 챗봇의 인공지능은 단순 답변을 해주던 수준에서 실제 상담사처럼 편하고 친근하게 상담할 수 있을 정도까지 진화하고 있습니다. 소비자들이 사용하는 문장을 통해 감정을 파악하는 기술의 적용도 이뤄지고 있습니다.

4차 산업의 핵심인 IoT 기술은 유통과 맞물려 새로운 혁신을 가져오고 있습니다. 냉장고는 보관 중인 식재료의 상태와 재고를 자동으로 파악하고 부족한 재료를 주문할 수 있는 수준까지 올라와 있습니다. 전자제품은 자신의 수명이나 고장 여부를 스스로 판단해 방문 수리를 신청하거나 교체 시기를 결정하기도 합니다. 사용자의 행동 패턴에서 나오는 다양한 정보를 스마트폰이나 웨어러블 기기 등이 수집하고 파악해 가장 적합한 제품을 추천해 주는 것은 몇 년 내 기본 기능으로 자리 잡을 것입니다. 이미 자동차의 경우 자가 진단이나 부속품 교환 시기를 알려주는 시스템이 도입돼 있고 차선 이탈이나 차간 간격을 알아서 조절해 주고 있습니다.

이외에도 인공지능은 우리의 주변에 알게 모르게 함께 하고 있습니다. 이미 우리는 인공지능의 시대에 살고 있는 것입니다. 인공지능은 인간의 의식주 산업 전반에 모두 관여하고 있습니다. 비록 영화 어벤져스에 등장하는 '자비스' 같은 인간형 인공지능을 보려면 얼마나 더 긴 시간을 기다려야 할지 모르겠지만 말입니다.

인공지능 위인도감

인공지능하면 떠오르는 사람이 있으신가요? 앞에서 다양한 사람들의 이름이 언급됐는데 기억나시는 인물들이 있으실까요?

인공지능은 생각보다 역사가 오래되진 않았지만 그 짧은 시간동안 상당히 많은 사람들의 손을 거치면서 발전해 왔습니다. 지금 우리는 눈에 띄고 언론에 자주 언급되는 사람들 위주로 인공지능에 대한 위인들을 기억하고 있지는 않나요? 그러기엔 인공지능에 힘을 보탠 수많은 과학자들이 너무 서운하겠죠.

이 코너에서는 인공지능 역사에서 큰 역할을 했던 인물들에 대해 이야기해보려 합니다. 인공지능 분야가 워낙 광범위하다 보니 다뤄야 할 인물들의 수가 어마어마합니다. 그중에서도 특히 중요한 업적을 남긴 사람들만 골라 소개해 보겠습니다.

인공지능의 아버지, 존 매카시

인공지능이라는 단어 뒤에는 항상 따라다니는 이름이 있습니다. 바로 존 매카시John McCarthy입니다. 1955년 자신의 논문에서 '인공지능이란 지능이 있는 기계를 만들기 위한 과학과 공학이다.'라는 글을 적으면서 '인공지능'이라는 단어를 처음 사용합니다. 1956년 다트머스 학회에서 이 단어를 세상에 널리 공개하게 됩니다. 당시 학회의 회

존 매카시

의 명이 '인공지능'이었습니다.

1927년 9월 매사추세츠주 보스톤에서 출생한 존 매카시는 1943년 16살의 나이로 칼텍(California Institute of Technology, 캘리포니아 공과대학)에 입학합니다. 칼텍에서 매카시는 폰 노이만(John von Neumann)의 강의를 듣게 됩니다. 이 강의가 그의 미래에 큰 영향을 가져왔다고 합니다. 그는 21살에 수학전공으로 졸업했는데 아마 체육 수업 미참석으로 당한 정학과 육군 복무가 없었다면 더 일찍 졸업했을지도 모릅니다. 1951년에는 24살의 나이로 프린스턴 대학에서 수학박사 학위까지 따 버립니다. 겨우 20쪽 짜리「사영연산자와 편미분방정식(Projection Operators and Partial Differential Equations)」이라는 논문으로 말이죠. 말 그대로 전형적인 천재였습니다.

1955년에는 다트머스에서 조교수가 됩니다. 1956년 여름의 다트머스 인공지능 연구 프로젝트는 컴퓨터 과학 역사에 가장 유명한 사건으로 기억되고 있습니다. 두 달 동안 10명이 동원된 이 연구의 야심찬 목표는 '학습의 모든 측면이나 지성의 다른 특징들이 원칙적으로 정확하게 기술될 수 있기 때문에 기계가 그것을 시뮬레이션할 수 있다는 추측에 근거해 진행'한다는 것이었습니다. 간단히 말해, 기계가 언어를 사용하고 추상화와 개념을 형성해 인간에게 남겨진 여러 문제를 해결하고 스스로를 향상시키는 방법을 찾도록 한다는 목표였습니다. 이후에는 MIT로 가서 통신학과 준교수가 됩니다. 여기에서 매카시는 또 다른 인공지능의 선구자 마빈 민스키와 함께 인공지능 프로젝트 MAC(The Project on Mathematics and Computation)를 시작합니다.

35살이 되던 1962년에는 스탠퍼드 대학의 전임 교수가 됩니다. 2000년에 은퇴할 때까지 매카시는 이곳에서 계속 근무합니다. 스탠포드 AI 연구소도 매카시의 도움으로 탄생합니다.

매카시의 주요한 인공지능 연구분야는 상식(Commonsense Knowledge)의 형식화(Formalization)에 관한 이론 구축으로 구분할 수 있습니다. 1958년에는 함수형 프로그램 언어 LISP를 개발했습니다. 시분할(Time-Sharing) 개념도 매카시의 업적 중 하나입니다. 그 외에도 비단조 추론(Nonmonotonic Reasoning)의 제한화(Circumscriotion) 방법을 1978년에 고안하기도 했습니다.

대단위의 기본적인 문제에 몰두한 매카시는 10년 단위로 매우 충격적인 논문을 내놓곤 했습니다. 1960년 「감각을 가진 프로그램」을 발표한 이래 감각의 형식화에 관련된 연구를 계속하던 그는 2011년 10월 24일 스탠포드의 자택에서 사망할 때까지 인공지능에 대해 많은 연구결과를 남겼습니다.

1979년 매카시는 '기계에 대한 정신적 자격 부여'라는 제목의 기사를 썼습니다. 그는 이 글에서 "자동 온도 조절 장치처럼 단순한 기계도 신념을 가지고 있다고 말할 수 있으며, 이러한 신념은 대부분의 기계들이 문제 해결하는 성능을 발휘할 수 있는 특성인 것처럼 보인다."라고 썼습니다. 매카시의 이 말은 지금까지도 논란의 중심에 있습니다.

누가 사람이고 누가 기계일까

가 1950년 앨런 튜링은 튜링 테스트라는 시험을 만들었다. 이는 기계가 인간과 얼마나 비슷하게 대화할 수 있는지를 기준으로 기계에 지능이 있는지 판단하는 시험이다. 튜링 테스트를 통과하면 과연 인간과 같은 지능을 가지고 있는 것일까? 인간인지 인공지능인지 구별할 수 있는 질문은 무엇이 있을지 고민해보자.

나 인간의 기억은 불완전하다. 인간의 기억은 기억 안에 있는 수많은 것 들이 단서에 의해 추론되어 형성된다는 것이 증명됐다. 반면 인공지능 은 정확한 기억력을 가지고 있다. 사람의 기억과 인공지능의 기억은 확실히 다를 수 있다. 그렇기 때문에 인공지능에게는 스토리텔링이나 브랜드 마케팅 등이 효과가 없을 수 있다. 기억에 대해 인공지능은 인 간을 속일 수 있을까?

다 아버지 회사에 가서 아버지를 모시고 함께 퇴근하는 길. 10년 이상 출 퇴근하면서 회사에서 집으로 가는 다양한 길 중 어느 쪽이 가장 빠른 지 안다고 자신하는 아버지와 새로 나온 내비게이션의 추천 길이 다르 다. 어느 쪽이 더 빠를까?

라 알파고는 이세돌을 상대로 4:1이라는 압도적인 성적으로 승리했다. 딥블루(Deep Blue)는 비록 버그에 의한 수였다고 해도 체스 챔피언 가 리 카스파로프에게 승리를 거뒀다. 그렇다면 알파고나 딥블루가 이세 돌, 카스파로프보다 똑똑하다고 해야 할까?

2부

영화 속 그 인공지능
있다? 없다?

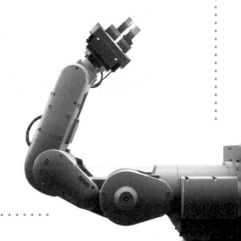

제가 처음 알게 된 인공지능은 피노키오였습니다. 어릴 적 애니메이션으로 본 피노키오는 목수 제페토 할아버지가 만든 나무인형이었습니다. 사실 피노키오는 인형이 되기 전 나무토막일 때부터 떠들어대는 존재였지만 어린 제게는 마치 나무인형에 사람과 같은 뇌가 심겨 있는 것처럼 보였습니다. 외

피노키오

동아들이었던 저는 가지고 놀던 장난감들에게도 피노키오처럼 인격이 있으면 좋겠다는 생각까지 했습니다. 아마 인공지능을 처음 고안한 앨런 튜닝도 저와 비슷한 생각에서 시작하지 않았을까요?

피노키오 이야기는 2001년 영화 속에서 다시 만나게 됩니다. 바로 스탠리 큐브릭의 유산을 이어받아 스티븐 스필버그가 완성한 영화 'A. I.'를 통해서입니다. 이 영화에는 데이빗이라는 인공지능 로봇이 나옵니다. 데이빗은 로봇회사 사이버트로닉스가 만든 최초의 감정형 아이 로봇입니다. 워낙 인간처럼 만들어졌기에 엄마를 너무나 사랑하고 또 사랑 받기를 갈구합니다. 인간 아들 때문에 버림을 받은 데이빗은 자신이 엄마의 사랑을 받기 위해서는 인간이 되는 수밖에 없다고 생각합니다. 데이빗은 동화 피노키오에 나오는 파란 요정을 찾아 여행을 떠납니다. 사람의 감정을 가진 인공지능에 대한 이야기는 A. I. 외에도 로빈 윌리엄스의 열연이 돋보이는 '바이센테니얼맨'을 통해서도 나옵니다. 공통점은 두 로봇 모두 사랑을 갈구하고 인간이 되고 싶어 한다는 것입니다.

SF 소설, 애니메이션, 영화 등은 종종 과학자들에게 뛰어난 영감

'A. I.'의 한 장면

을 제공합니다. 인공지능 분야도 마찬가지일 겁니다. 영화 속에서 봤던 다양한 인공지능의 모습들이 조금씩 현실화하고 있습니다. 아직 데이비드 같은 인간의 감정을 가진 로봇이 등장하지는 않았지만, 세계 어딘가에서는 비슷한 연구를 하고 있을 겁니다. 그러므로 어떤 영화에서 어떤 인공지능이 등장하는지, 또 그와 비슷한 인공지능이 현실에는 무엇이 있는지 알아보는 것도 재미있을 겁니다. 거기다 영화는 미래 과학에 대한 문제점을 미리 생각해볼 기회도 마련해 주기 때문에 과학의 발전 요소에 무척 중요한 장치 중 하나이기도 합니다.

1장

인공지능, 조력자가 되다

　　　　　　　　　　가장 가지고 싶은 인공지능을 골라보라고 하면 누가 떠오를까요? 개인적으로 영화 '어벤져스'에서 아이언맨 토니 스타크를 도와주는 '자비스(자비스가 신체를 얻어 비전이 된 후에는 프라이데이가 그 자리를 맡았습니다만)'가 가장 먼저 떠오릅니다.

　자비스는 토니 스타크의 인공지능 비서라는 콘셉트로 나오지만 단순한 비서를 넘어서 조력자에 가깝습니다. 사실 토니 스타크의 비서라는 직함은 자비스보다는 여주인공 페퍼에게 어울립니다. 자비스는 영화 초반에 손님의 잠을 깨우고 현재시간, 날씨, 만조 등의 기상 상황을 알려주는 현재의 인공지능 스피커 같은 역할을 보여주기도 합니다.

　하지만 아이언맨 슈트를 만들 때 설계와 제작을 도와주었으며 아이언맨이 영웅 활동을 할 때도 관제센터 역할로 적극 지원합니다.

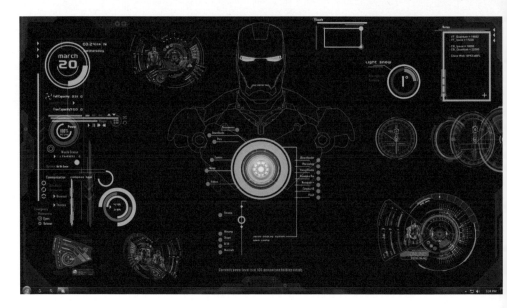

'아이언맨'의 인공지능 비서 자비스

아이언맨 슈트의 결빙 문제를 발견하고 해결 방법을 제시하기도 하며 토니의 건강 부분도 챙기는 모습이 나옵니다. 토니의 명령이 없음에도 알아서 문제를 해결하는 장면도 영화 속에서 자주 등장합니다.

자비스는 강한 인공지능의 특성을 보여줍니다. 토니 스타크와 농담을 주고받기도 하고 어느 때에는 주인의 의견에 반기를 들기도 합니다. 이름은 '그냥 좀 많이 똑똑한 시스템(Just A Rather Very Intelligent System)'이지만 솔직히 만능에 가깝다고 보입니다. 토니 외의 어벤져스 멤버들에게도 하나의 인격체로 인정을 받을 정도입니다.

영화 속의 유명한 조력자 인공지능으로는 '스타워즈'에 등장하는 'R2-D2'와 'C-3PO'도 빼놓을 수 없습니다. 언뜻 생각하면 주인공의 친구 정도로 여길 수 있는 드루이드지만 엄밀히 목적이 있는 인공지능 로봇들입니다.

R2-D2의 주된 업무는 우주선의 제어와 수리입니다. 해킹 능력도 가지고 있습니다. 주인공이 전투선을 타고 전투에 임할 때는 항상 동행해 위기 상황에 큰 도움을 줍니다. 일부 에피소드에서는 중요한 메시지를 전달하는 메신저 역할도 합니다. 삐릭삐릭하는 기계음으로 의사소통을 하고 있으나 신기하게 주인들은 어떤 이야기를 하는지 알아 듣습니다. 가디언즈 오브 갤럭시에 등장하는 그루트의 '아이 앰 그루트'와 비슷한 걸까요? 아무튼 그와 대화할 수 있는 C-3PO에 따르면 거친 표현을 많이 사용하는 인공지능인 것으로 보입니다. 최근 작품에는 비슷한 기능을 하는 BB-8이라는 드루이드도 등장합니다.

C-3PO는 뛰어난 통역 드루이드입니다. 단순 언어 통역을 넘어 그 언어를 사용하는 종족의 예절까지 꿰뚫고 있어 주인이 타종족에게 실례를 범하는 일이 없도록 돕고 있습니다. 이 드루이드는 은하계에서 사용되는 6백만 종류의 언어 정보를 내장하고 있을뿐 아니라 처음 접하는 언어도 그 언어학적 특성을 분석하고 학습함으로

R2-D2와 C-3PO

써 구사하는 것이 가능합니다. '아이 앰 그루트'도 바로 통역이 가능할 것 같습니다. 여담이지만 드루이드인데도 겁이 많고 실수를 자주 하는 것으로 봐서 강한 인공지능의 형태를 띠고 있는 것으로 보입니다.

앞에서 소개한 20세기의 인공지능 중에서는 애니메이션 '빅 히어로'에 나온 인공지능 '베이맥스'를 조력자로 꼽을 수 있을 것 같습니다. 영화 흐름상 이 인공지능이 전투용처럼 묘사됐지만 원래는 인간의 건강을 돌보기 위한 목적으로 만들어졌습니다. 전원이 켜지면 하는 첫 인사도 "안녕하세요? 저는 베이맥스. 당신의 개인 의료 도우미입니다."라고 합니다.

베이맥스는 외상뿐 아니라 정신치료 기능까지 겸하고 있어 인간의 훌륭한 조력자입니다. 치료 대상의 체온을 감지한다든가 의료용 스프레이로 상처부위를 치료해 주기도 합니다. 손가락에는 제세동기가 있고 의료용 생체정보 스캔 능력도 있습니다. 한 번 스캔으로 상대방의 알레르기 유발 음식까지 알아낼 수 있죠.

베이맥스의 특이한 점은 바로 학습능력입니다. 애당초 베이맥스는 의료용 로봇으로 만들어졌기에 전투를 할 수 없는 시스템이었습니다. 하지만 주인공의 학습 프로그램을 통해 여러 가지 무술을 익히면서 전투용 인공지능 로봇으로 변모하게 됩니다. 스스로 주인공의 언행을 따라하는 모습도 보이는 등 학습 욕구도 뛰어난 것으로 표현됩니다.

이렇게 영화 속에서 인공지능은 인간의 훌륭한 조력자 역할로 많

이 등장합니다. 공상과학 영화인 만큼 아직 현실에서 이러한 수준의 능력을 지닌 인공지능이 탄생하지는 않았지만 비슷한 모습을 보여주는 사례는 얼마든지 찾아볼 수 있습니다.

어벤져스의 자비스는 인공지능 스피커를 통해 가능성을 보여주고 있습니다. 아마존의 알렉사나 네이버의 클로바, KT의 기가지니 등은 아직 주인의 질문에 대한 간단한 대답이나 약간의 전자기기 제어 정도 밖에 할 수 없는 것이 사실입니다. 하지만 사물인터넷 기술과 딥러닝 기술의 발달로 향후 좀 더 많은 전자 기기를 구동할 수 있는 능력을 갖추게 될 것으로 기대됩니다. 자비스처럼 모든 것을 알아서 처리해 주지는 못하지만 주인이 외출에서 돌아오기 전 집안 온도를 미리 맞춰 준다든가 가정의 식재료가 떨어져 갈 때 미리 주문을 하는 등의 업무는 충분히 할 수 있을 것으로 생각됩니다.

R2-D2와 가장 비슷한 인공지능은 애플의 '데이지'를 꼽을 수 있을 것 같습니다. 애플이 2018년 지구의 날을 앞두고 발표한 '데이

지'는 아이폰을 재활용하기
위해 만들었습니다. 아이
폰을 분해하고 고품질
부품을 알아서 골라
낼 수 있습니다. 시
간 당 최대 200대의
아이폰을 분해할 수
있습니다.

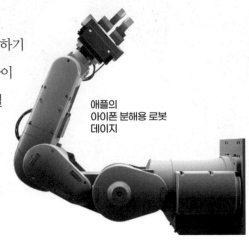

애플의
아이폰 분해용 로봇
데이지

중국에서는 2019년 '열차 차량 스마트 점검 수리 로봇'을 개발했다고 발표하기도 했습니다. 4K 고화질 3D 카메라를 활용해 차체 밑바닥을 점검하고 기준 이미지와 대조 분석을 진행한 후 이상이 발생하면 경고를 보내는 방식입니다.

C-3PO 같은 통역 인공지능은 우리나라에서 특히 많은 발전을 거두고 있습니다. 네이버의 파파고나 한국전자통신연구원과 한글과컴퓨터가 공동으로 개발한 지니톡 등이 딥러닝 학습을 통해 높은 수준의 번역 서비스를 제공하고 있습니다. 지니톡의 경우 한국어↔영어/일본어/중국어/스페인어/프랑스어/독일어/러시아어/아랍어까지 매우 다양한 언어를 지원합니다. 문자 입력 번역은 물론 음성 인식을 이용한 통역도 지원하고 이미지 속에 있는 문자까지 번역이 가능할 정도로 발전했습니다.

최근에 헬스케어 산업 분야에도 인공지능, 빅데이터, 사물인터넷 등 4차 산업 핵심 기술들이 접목되고 있는 추세입니다. 그중에서도

딥러닝을 적용한 통번역 앱 지니톡

고령화 시대에 접어들면서 양질의 헬스케어 서비스에 대한 관심이 늘어나고 있어 인공지능의 필요성이 대두되고 있습니다. 진단영상, 의료기기, 헬스케어 IT 등에도 인공지능이 활용되고 있습니다.

2장

인공지능, 친구가 되다

아날로그에서 디지털로 시대가 급변하면서 인류도 새로운 친구를 찾아 나서기 시작했습니다. 인터넷의 발달로 사람 간의 물리적 교류가 점차 줄어듦에 따라 반려동물을 키우는 인구가 급격하게 늘고 있습니다. 이제는 반려동물 양육인구가 1천만 명이 넘어섰고 2020년부터는 인구 총조사 때 반려동물 문항 삽입도 검토 중인 것으로 알려졌습니다.

반려동물의 인기가 급성장하고 있는 만큼 우려도 많습니다. 대부분 반려동물은 주인보다 일찍 사망하기 때문에 이에 따른 상실감을 호소하는 경우도 많고 바쁜 일상으로 제대로 돌보지 못해 오히려 반려동물에게 피해를 주고 있다는 지적까지 있습니다. 반려동물에 의한 사건사고도 끊이지 않고 경제적인 이유 등 다양한 원인으로 키우던 반려동물을 유기하는 일도 늘어나고 있습니다.

이러한 문제를 해결해 줄 수 있는 대안으로 인공지능이 떠오르고 있습니다. 그래서인지 인공지능이 인류의 친구로 등장하는 영화도 여럿 제작됐습니다.

　2013년 개봉한 영화 '그녀'에는 사람이 아닌 인공지능 운영체제 (OS) '사만다'가 주인공의 친구로 등장합니다. '사만다'는 비록 실체는 없지만 인간보다 주인공을 더 이해해주고 보듬어줍니다. 사만다의 목소리 역을 스칼렛 요한슨이 맡아서 더욱 사랑의 감정을 느끼게 해줍니다. 앞으로 인공지능이 발달하면 목소리를 어떻게 설정해야 하는지 좋은 사례가 될 영화입니다.

　사만다는 엘리먼트 소프트웨어라는 기업이 만든 인공지능입니다. 개발 초기에는 아주 기본적인 감정들만 가지고 있지만 인공지능 특유의 학습 능력으로 주인공에게 사랑이라는 감정을 배우게 되

'그녀'의 한 장면

고 이것이 계속 진화해 어느 순간 존재에 대한 철학이 깊어지게 됩니다.

이 영화에서의 인공지능의 묘사는 인공지능이 사람의 친구가 된다면 보여줄 수 있는 가장 이상적인 모습을 보여줍니다. 영화 속 인공지능은 완전히 새로우면서도 익숙한 기술로 꾸며져 있습니다. 사람과 비슷한 모습을 가지고 있는 안드로이드나 컴퓨터 그래픽을 사용하고 있지도 않습니다. 그래서인지 언캐니 벨리(Uncanny valley, 불쾌한 골짜기라고도 하며 로봇이 사람의 모습과 흡사해질수록 인간이 느끼는 호감도는 증가하지만 어느 수준에 도달하게 되면 강한 거부감으로 바뀌게 되는 구역을 말합니다. 그러나 로봇의 외모와 행동이 인간과 거의 구별이 불가능할 정도가 되면 호감도는 다시 상

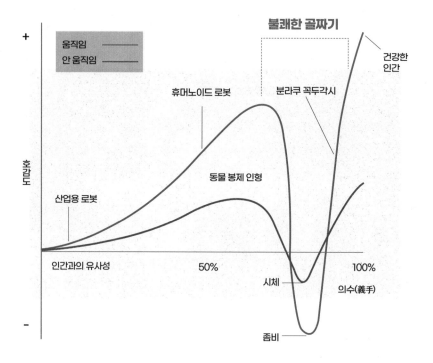

승하게 됩니다.)를 찾아볼 수 없습니다.

　인공지능이 사람과 가까워지기 위해서는 이러한 친근함이 필수일 텐데요. 이 영화의 각본을 직접 집필한 스파이크 존스 감독은 "미래의 일상을 나타낼 수 있는 여러 가지 소재들은 이론적으로 흥미로웠고 보기에도 좋았지만 매우 차가운 느낌이어서 영화에 넣고 싶지 않았다."라며 "골동품 가게에 가서 라이터와 담뱃갑, 장식용품들을 보았는데 이런 것들이 사만다와 주인공이 대화하는데 쓰인 휴대용 기기에 영향을 주었다."고 이야기했습니다. 아예 새로운 것보다는 우리에게 친숙한 것과 첨단 기술을 접목해 쉽게 익숙해질 수 있도록 한 것이죠. 사만다의 목소리로 스칼렛 요한슨을 캐스팅한 것도 그런 이유가 아니었나 생각합니다.

　우리 현실에도 인공지능이 친구가 되는 사례가 속속 등장하고 있습니다. 가장 대표적인 예로 중국에서 2018년에 선보인 챗봇 '샤오밍'을 꼽을 수 있습니다. 2014년 중국의 대표적인 IT 기업 텐센트(Tencent)와 마이크로소프트사가 공동 개발한 이 인공지능은 현지 언론으로부터 "인간의 언어로 소통이 가능한 것은 물론이고 인간 감정과 유사한 형태의 인격까지 소유하고 있다."라고 평가받았습니다.

　우리나라에도 과거 '심심이'라는 인공지능 대화 엔진이 유행했습니다. 이 서비스는 아직도 계속되고 있는데요. 처음 PC에서만 사용 가능했던 프로그램이 이제는 스마트폰에서 이용도 가능합니다. 심심이는 사람들과 대화를 나누면서 적절한 대답을 하는 방법을 배워 나갔는데요. 그래서 예전에는 욕설 등을 배워서 그대로 사용하기도

'심심이'와의 대화

했습니다.

샤오밍이 심심이보다 뛰어난 점은 창의력에 있다고 볼 수 있습니다. 심심이는 사람들의 대화 내용을 학습해서 질문에 대한 답을 하는 것에 만족하지만 샤오밍은 자신이 직접 시(詩)를 창작하기도 합니다. 2018년에는 약 10개월 동안 1천 편에 달하는 시를 지었다고 합니다. 기존 대화를 분석해서 가장 적절한 대답을 찾아내는 것을 넘어 자신이 스스로 생각해 답변할 정도까지 발전했다고 해도 될 듯합니다.

청운대학교 광고홍보학과 조재영 교수는 "1인 가구의 독립심 및 개인주의적 사고에 기반을 둔 가치 지향적 소비 행동을 고려하면, AI 탑재 등 하이테크 상품이 싱글라이프에 유리하기에 다른 가구 유형보다 그러한 상품을 더 필요로 할 것"이라며 "인공지능 기술의 급진적인 발전이 1인 가구의 욕구 만족과 이어질 것으로 예측되기에 향후 1인 가구를 최종 소비자로 삼아 인공지능 시장 세분화를 준비해야 한다."고 제안했습니다.

　실제로 인공지능 친구는 1인 가족과 노인 가족을 대상으로 빠른 발전 속도를 보여주고 있습니다. 독거노인에게 인공지능 스피커가 말벗이 되어주고 치매까지 치료하는 시대가 됐습니다. SK텔레콤은 2019년 4월 1일부터 두 달간 독거노인 1,150명이 인공지능 스피커 '누구'를 통해 '인공지능 돌봄서비스'를 사용한 패턴을 분석해 발표했습니다. 놀랍게도 노인들의 감성대화 사용 비중이 13.5%로 일반인(4.1%)보다 세 배 이상 높았다는 결과가 나왔습니다. 아직은 완벽하지 않은 모습일지라도 인공지능 스피커가 외로움을 달래는 데 긍정적인 역할을 하고 있다는 것을 증명하는 수치입니다.

치매노인을 돌봐주는 로봇

3장

인공지능, 스승이 되다

우리나라에서는 예부터 군사부일체(君師父一體)라고 해서 군주와 스승, 아버지를 동격으로 놓을 정도로 스승에 대한 존경과 의미를 크게 여겨왔습니다. 지금은 다소 퇴색된 고리타분한 옛날 말처럼 들리겠지만 인간에게 스승은 어떤 의미에서든 없어서는 안 되는 존재입니다. 그것이 국영수를 가르치는 선생님이든, 운동을 알려주는 코치이든, 인생 공부를 시켜주는 선배들이든 말입니다.

스승은 단순히 공부가 아니라 인성까지 책임지는 아주 중요한 존재입니다. 잘못된 교육은 한 사람을 아주 잘못된 방향으로 인도할 수 있습니다. 그래서 영화 속 미래에도 대부분 스승은 인간이 직접 맡는 모습이 많이 나오죠. 그렇기에 이러한 문제를 영화 속 사례를 통해 더 꼬집어 보고자 합니다.

인공지능이 스승으로 과연 적합한가를 생각하기 좋은 모델로 '나의 마더'에 나오는 인공지능 '마더'를 꼽을 수 있습니다. 영화 '나의 마더'는 2019년 넷플릭스에서 제작한 SF 영화로 전쟁으로 인류가 멸종된 이후의 이야기를 그리고 있습니다. 디스토피아적인 세계관을 가지고 있으며 등장인물이라고는 인간 몇 명과 인공지능 로봇 하나뿐이지만 상영시간 2시간을 힘있게 끌고 나갑니다.

인간이 사라진 세상에 홀로 남겨진 인공지능 '마더'는 '인류 재건 시설'에 미리 남겨 놓은 인공 배아 중 한 개체를 골라 여자아이를 탄생시킵니다. 그리고 그 아이가 정상적인 인간으로 성장할 수 있도록 다양한 교육을 시킵니다. 사실 마더라는 이름으로 불리는 이 인공지능은 인류 부활의 중요한 임무를 맡았습니다. 마더에게 남겨진 인간 배아는 총 63,000개입니다. 하지만 마더는 한 번에 많은 인간을 재생하지 않고 오직 딸이라고 부르는 한 명의 여자 아이만 재생합니다. 한 명의 올바른 인간을 키워내 그 인간이 뒤에 태어날 모든 인류의 제대로 된 '마더'의 역할을 할 수 있도록 말입니다. 인간이 멸종하게 된 이유는 인간의 윤리적인 문제에 있다는 판단을 내렸기 때문입니다.

그래서 이 영화에는 철학적인 내용이 많이 나옵니다. 딸은 매년 생일에 마더에게 1년간 배운 내용을 시험받습니다. 단순히 학술적인 부분만 아니라 윤리적으로 올바르게 자라고 있는지를 확인합니다. 영화 초반부에 마더는 18세기 말 대두된 제레미 벤담의 공리주의에 관해 딸에게 이야기합니다. 자본주의의 개념에 윤리를 도입한

넷플릭스 영화 '나의 마더'

이 사상은 아직까지 찬반론이 극명합니다. 영화 속 '마더'는 이 문제에 대해 어느 정도 해답을 가지고 있는 것으로 보입니다. 그리고 딸을 그 기준에 맞게 교육하고 있습니다. 더 자세한 이야기는 영화를 직접 보시면 이해하실 겁니다. 과연 마더의 선택이 옳았는지 여럿이 함께 토론해 보는 것도 좋을 것 같습니다.

인공지능이 급속도로 발달하고 이슈화됨에 따라 세계 여러 곳에서 인공지능을 이용한 교육 프로그램의 시도도 이루어지고 있습니다. 이미 미국 조지아텍 대학에서는 2016년부터 인공지능 조교 '질 왓슨'이 온라인 수업을 맡아 진행하고 있습니다. 질 왓슨은 이 대학 컴퓨터 전공 아쇽 고엘Ashok Goel 교수가 2015년에 대학원생들과 함께 제작한 프로그램입니다. 이름이 질 왓슨인 이유는 이 프로그램

인공지능, 무엇이 문제일까?

왓슨의 실체는 수많은 컴퓨터가 연결돼 있는 슈퍼컴퓨터다.

의 기반이 IBM의 인공지능 왓슨을 기초로 했기 때문입니다.

조지아텍 대학의 온라인 과정은 한 학기에 약 300명 정도 수강합니다. 온라인 과정이다 보니 학기 중 강의, 과제, 성적 등에 대한 학생들의 문의가 끊임없이 올라옵니다. 2016년 기준으로 학기당 약 1만 개의 질문이 온라인 게시판에 올라왔고 답변 업무에 조교 9명이 투입되었습니다. 질 왓슨은 2016년 1월부터 이 수업의 조교로 활약하며 1만 개가 넘는 질문의 40%가량을 혼자 해결할 정도의 능률을 보여주었습니다. 학생들의 질문 의도를 정확하게 파악하고 제대로 된 답을 내놓았습니다. 뿐만 아니라 토론을 장려하는 메시지까지 보냈습니다. 일반인처럼 보이기 위해 속어까지 사용하는 등 인간과 같은 느낌을 받도록 노력했습니다. 학생들 대부분이 질 왓

일본의 인공지능 영어 교사 'Musio X'

슨이 20대 백인 여성일 것이라고 착각할 정도였습니다.

　일본에서는 인공지능이 초등학교 영어 교사로 일하고 있습니다. 우리나라에도 2018년부터 인공지능 원어민 교사 '셀레나 선생님'이 출시돼 많은 가정에서 아이들을 가르치고 있습니다. 셀레나 선생님은 음성인식과 텍스트 분석 같은 인공지능 기술로 학생이 수업 내용을 반복적으로 학습하고 자신이 어디까지 영어 실력이 늘었는지 확인할 수 있는 프로그램입니다. 가르치는 내용은 주로 영어 표현, 대화 능력과 발음 정확도입니다.

　2019년 6월에는 LG CNS가 인공지능 기술로 영어를 가르치는 신규 서비스 'AI튜터'를 개발했습니다. LG CNS는 일단 학원이나 항공사 등 기업을 대상으로 AI 영어 가정교사 서비스를 보급한 다음, 시장 반응이 좋으면 일반 소비자 대상으로 안드로이드, iOS 버전 애플리케이션을 출시해 베타 서비스를 시작할 예정이라고 발표했습니다.

교육부에서도 2019년 7월 '초등학교 영어교육 내실화 계획' 발표와 함께 인공지능을 활용한 영어 말하기 연습 프로그램을 진행하겠다고 선언했습니다. 이 프로그램은 학생 개개인의 맞춤형 학습 전략을 짜주는 것은 물론이고 학생의 공부 습관을 분석해 그 결과를 학부모에게 통보하는 기능도 가지고 있습니다. 2020년부터 초등학교 3~4학년을 대상으로 시범·연구학교 100곳에서 시작한 후 점차적으로 범위를 늘려나갈 예정입니다.

아이들 성향에 맞는 최적의 학습 방법을 입력하고 그에 맞는 맞춤식 교육 프로그램을 지시하면 한 번에 여러 사람을 가르쳐야 하는 인간 선생님보다 효율적일 수 있습니다. 하지만 교육에는 학술적인 부분만으로 해결되지 않는 문제가 여럿 있습니다. 이 문제들을 해결하지 못한다면 인공지능 교사는 그냥 잘 가르치는 계산기에 불과할 겁니다.

2018년 11월, 우리나라에서 아주 뜻깊은 행사가 있었습니다. 서울에서 열린 '글로벌 HR 포럼 2018'에서는 세계 유명 대학 총장 등 각국에서 교육과 관련한 인물들이 잔뜩 모였습니다. 여기서 미래 교육에 대해 다양한 의견이 나왔는데 인공지능 교사에 대한 뼈있는 충고들이 여럿 펼쳐졌습니다.

40년이나 미국 비주얼 아트 스쿨을 이끌어온 데이비드 로즈David Rhodes 총장은 "사람만이 사람에게 동기부여를 해줄 수 있다."며 인공지능이 있어도 인간 교사는 반드시 필요하다고 강조했습니다. 또 캐나다의 수잰 포티어Suzanne Fortier 맥길대 총장은 "대학교에서는 지식 외에도 배워야 할 것이 있다."라며 "신입생들이 대학에 원하는 것은 콘텐츠나 지식뿐만이 아니라 뭔가 다른 경험"이라고 말했습니다.

세계에서 가장 유명한 천재 앨버트 아인슈타인은 "교육의 목적은 인격의 형성에 있다. 교육의 목적은 기계적인 사람을 만드는 데 있지 않고 인간적인 사람을 만드는 데 있다."라고 했습니다. 또 "교육의 비결은 상호존중의 묘미를 알게 하는데 있다. 일정한 틀에 짜여진 교육은 유익하지 못하다."라고도 했습니다.

인공지능에게 배울 수 있는 것과 사람에게 배울 수 있는 것은 분명 차이가 있을 겁니다. 이러한 부분까지 잘 고려해서 가르치고 배워야 4차 산업혁명 시대가 과거보다 더욱 풍요로워질 것입니다.

인공지능, 적이 되다

영화 속에서 가장 많이 다뤄지는 인공지능은 역시 인간을 적대시하는 역할입니다. 인간은 언제나 자신이 알지 못하는 존재에 대해 공포를 느끼는데 그 대표적인 예가 귀신, 외계인 그리고 미래 기술이다보니 인공지능은 공포영화의 단골 소재로 등장합니다. 미래 기술을 보여주는 내용이 주를 이루기에 첨단 컴퓨터 그래픽을 이용한 볼거리를 제공하는 경우도 많습니다.

가장 대표적인 영화로 '터미네이터'를 꼽을 수 있습니다. 속편부터는 아군 인공지능이 등장하지만 1편의 인공지능 로봇은 '악의 화신' 그 자체였습니다. 인간의 지도자의 탄생을 막기 위해 미래에서 온 살인 로봇 'T-800'은 총을 맞아도 죽지 않는 장갑과 무시무시한 힘을 가지고 있었습니다. 불에 피부가 다 벗겨지고 하반신이 날아간 상태에서 상반신만으로 기어서 주인공을 추격하는 장면은 이느

대량 생산 중인 터미네이터

영화 속 귀신이나 괴물보다 공포스러웠습니다.

터미네이터를 과거로 보낸 인공지능은 '스카이넷'이라는 이름입니다. 지구상 모든 전략 방어 무기를 통제하는 인공지능이었는데 스스로 지능을 갖추고 핵전쟁을 일으켜 버립니다. 인류의 절반 이상을 죽이고 남은 인간들을 지배하는 모습으로 나오죠. T-800은 스카이넷의 명령을 받아 미션을 해결하는 해결사 역할을 하는 안드로이드입니다. 워낙 유명한 영화이기 때문에 길게 설명하지 않아도 어떤 인공지능인지 쉽게 상상이 되실 겁니다.

스카이넷과 비슷한 인공지능으로 '매트릭스'에 등장하는 컴퓨터가 있습니다. 이 컴퓨터는 스카이넷보다 더 악랄합니다. 스카이넷은 인간이 살아서 움직일 수라도 있게 해 놨는데 매트릭스는 아예 인공 자궁에 인간을 가둬 놓고 배터리로 사용합니다. 신경 상호작

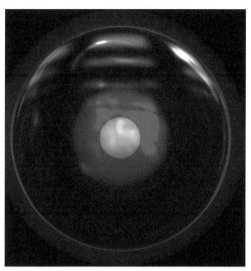

'스페이스 오디세이'에 등장한 인공지능
'HAL(할) 9000'의 눈

용 시뮬레이션으로 인간의 뇌세포까지 장악해 통제하면서 사육하는 모습을 보여줍니다. 이 영화의 인공지능은 21세기 초에 탄생합니다. 인공지능은 기계들의 일족을 스스로 만들어 낼 수 있는 자의식이 있었고 어느 순간 인간과 기계는 전쟁을 시작합니다. 태양 에너지를 사용하는 기계의 에너지 공급을 차단하기 위해 인간들이 하늘을 태우자 인공지능이 인간을 에너지원으로 사용하기 시작했다는 설정입니다.

그 외에도 영화 속에서 인간을 공격하는 인공지능은 매우 많습니다. '2001: 스페이스 오디세이', '에이리언: 커버넌트', '이글아이', '아이로봇', '오빌리언스', '웨스트월드' 등 세대를 넘어 계속 다른 모

'메트로폴리스'의 한 장면

습과 성격으로 만들어지고 있습니다. '어벤져스'에 등장하는 '울트
론'도 인공지능이 만들어낸 괴물입니다.

앞서 설명했듯이 미지의 존재에 대한 두려움이 큰 인간의 특성
덕에 인공지능은 영화의 단골 악역으로 1927년 작품 '메트로폴리
스' 이후 꾸준히 등장하고 있습니다. 이러한 영화들에서의 주된 클
리셰는 '인간을 공격하는 똑똑한 인공지능'입니다.

실제로 많은 국가에서 인공지능을 전투용으로 활용하고 있습니
다. 킬러 로봇이 대표적입니다. 1942년 단편소설 『런어라운드』에서
처음 소개된 이 로봇은 앞으로 전장에 인간 대신 기계들이 가득찰
것이라는 상상을 하게 만듭니다. 이스라엘에서 개발한 '도고'나 영
국의 '타라니스', 우리나라의 'SGR-1' 등이 이러한 전투용 로봇으로

분류됩니다.

예전에는 정확성 문제로 사람이 개입해 조종해 왔던 로봇들이 인공지능의 발달로 스스로 목표물을 찾아 타격하기에 이르렀습니다. 미공군연구소의 인공지능 '알파'가 베테랑 공군 조종사와 대결에서 승리를 거뒀다는 소식은 벌써 3년 전 이야기입니다. 영화 속에서는 주인공이 여러가지 지혜를 짜내어 로봇을 따돌리고 물리치는 모습을 보여왔지만 현실 속에서는 그마저도 여의치 않을 것으로 보입니다.

그러나 안심해도 되는 부분은 이런 전투용 인공지능들은 자신이 적을 직접 만들어 공격하는 능력을 갖추고 있지 못하다는 점입니다. 즉, 자신의 적이 누구인지 인간이 지정해 주기 전에는 알 수 없다는 겁니다. 자신이 가서 격퇴한다 해도 그것이 자신의 적인지 인간의 적인지도 구분하지 못합니다. 인공지능은 정확하게 타깃으로 날아가는데 필요한 계산만 하는 겁니다.

그럼에도 불구하고 많은 과학자가 킬러 로봇의 개발을 반대하고 있습니다. 킬러 로봇에 인공지능을 적용하는 것은 몇 가지 핵심적인 문제가 있습니다. 가장 먼저 해킹의 위험입니다. 자신의 적을 직접 판단할 수 없기에 인간의 지령에 따라 움직이는 만큼, 지령을 내리는 사람이 바뀌어 버리면 아군이 적군이 되는 경우가 버튼 하나로 생길 수 있기 때문입니다.

두 번째로 예측 불가능성도 문제입니다. 인공지능의 행동을 인간이 예측하기 힘들다는 뜻입니다. 스티븐 호킹 박사도 이 때문에 사망 전까지 킬러 로봇 개발을 극렬하게 반대했습니다. 사람이 만드는 인공지능은 버그 같은 오류가 있을 수 있고 잘못된 학습으로 인한 오작동도 생길 수 있습니다. 앞에서 언급했던 인공지능 챗봇 '심심이'의 경우 초기에 잘못된 학습으로 욕설이나 음담패설 등을 하는 경우가 있었는데 킬러 로봇도 이와 비슷한 문제가 발생할 수 있으며 심심이와 달리 사상자가 나오거나 자칫 원치 않은 전쟁이 일어날 수도 있기 때문입니다. 이때 책임은 누가 져야 하는가도 큰 문제입니다. 학습 범위에 따라 결과가 달라질 수 있는 존재가 바로 인공지능이기 때문에 제작자에게 모든 책임을 돌리는 건 불가능하다는 의견들이 많습니다.

1부에서 설명했지만 인공지능의 형태에는 '약한 인공지능'과 '강한 인공지능'이 있는데 약한 인공지능은 인간의 다양한 능력 가운데 특정 능력만 구현할 수 있습니다. 결코 사람만큼의 지능을 기대할 수 없습니다. 알파고가 바둑에서는 세계 최고의 강자지만 장기는 우리 집 꼬맹이한테도 이기지 못하는 것처럼 말입니다.

결국, 킬러 로봇도 어떤 문제를 스스로 생각하거나 해결할 수 없는 약한 인공지능인 셈입니다. 물론 약한 인공지능도 방대한 데이터와 정보를 가지고 사람보다 월등한 능력으로 전문 분야 수행을 해낼 수 있기에 엄청나게 똑똑한 장치임은 틀림없습니다만 어디까지나 사람 지능 흉내를 내는 것에 불과합니다. 안심하세요. 인간은 아직 약한 인공지능밖에 만들 수 없습니다.

강한 인공지능은 자신이 인공지능인 것을 자각할 수 있을 만큼 지적 수준이 우수한 프로그램이지만 이를 위해서는 인간과 동일한 뇌 구조가 만들어져야 합니다. 일단 인간 뇌의 비밀이 풀려야 한다는 뜻입니다.

　요즘은 여기에 더해 초(超)인공지능이라는 말도 생겼습니다. 인간보다 진화를 더 한 인공지능이라는 뜻입니다. 앞의 영화에서 소개한 인공지능들이 바로 초인공지능입니다. 한 예능 프로그램에서 뇌과학자 정재승 KAIST 교수는 "AI가 지배 욕망을 얻게 될 확률은 원숭이가 타자기를 마구 쳐서 햄릿이 나올 확률"이라고 설명했습니다. 실제로 그런 일이 일어난다면 우리는 인공지능이 아닌 원숭이에게 먼저 지배를 당하게 될지도 모르겠습니다.

　그래도 인간과 같은 수준의 지능을 가진 인공지능이 탄생했을 때의 미래가 궁금하신 분은 로빈 핸슨이 쓴 『뇌복제와 인공지능 시대』라는 책을 읽어보십시오. 작가는 전뇌 에뮬레이션(whole brain emulation)이라는 기술이 성공했을 때 벌어질 사회 상황을 예측해놨습니다. 아 책에서 전뇌 에뮬레이션은 인간의 뇌를 스캔해

『뇌복제와 인공지능 시대(The Age of Em)』 표지

세포 특징과 세포 연결에서 발생한 신호를 처리하는 컴퓨터 모델을 구축하는 과정을 거쳐 만들어집니다. 뇌의 비밀을 완전히 파헤치기 전에는 불가능해 보이는 기술이긴 합니다만 작가는 인공지능이 지배하는 세계를 체계적인 시나리오로 잘 묘사해 놓았습니다.

인공지능 위인도감

인공신경망을 처음 디자인한 맥컬록과 피츠

인공지능은 인간의 뇌신경망을 모사해서 만들었다고 설명드렸습니다. 그렇다면 인간의 뇌신경이 어떻게 생겼는지 이미 알고 있었다는 이야기고 누군가는 이를 모델링해서 발표했겠죠? 과연 인간의 뇌신경은 언제, 누구의 손에 의해 처음으로 모델링됐을까요?

바로 워렌 맥컬록Warren Sturgis McCulloch과 월터 피츠Walter Pitss가 세계 최초로 뇌신경을 모델링한 사람들입니다. 이들은 인간의 두뇌를 '논리적으로 서술하는 이진 원소들의 결합'으로 생각했습니다. 그러니까 뇌에 있는 뉴런들이 켜지고 꺼지는 행동을 통해 신경이 작동한다는 것이죠. 이들이 1943년 쓴 논문「신경 활동에 내재된 아이디어의 논리적인 미적분학(A Logical calculus of ideas immanent in nervous activity)」은 초기 신경망 논문들 중에서 가장 유명합니다.

맥컬록은 무려 19세기에 태어난 인물입니다. 1898년 11월 16일, 미국 뉴저지에서 태어났습니다. 특정 신경 이론의 기초와 사이버네틱스 운동에 기여한 것으로 유명합니다. 맥컬록은 원래 기독교 사역에 참여할 생각이었다고 합니다. 10대 시절에는 해리 에머슨 포스틱 Harry Emerson Fosdick이나 줄리안 페드릭 해커Julian F. Hecker의 영향을 많이 받았고 루퍼스 존스Rufus Matthew Jones 같은 미국

워렌 맥컬록

의 유명한 종교 학자에게도 가르침을 받았습니다.

하지만 대학을 가면서 기독교 사역과는 다른 길을 택하게 됩니다. 맥컬록은 하버포드 사립대학교에 다녔고 예일 대학교에서 철학과 심리학을 전공했습니다. 컬럼비아 대학교에서 1923년 석사 학위를 취득하고 4년 만인 1927년에는 의사면허까지 따버립니다. 이후 1934년까지 뉴욕 벨류 병원에서 인턴십을 하기도 했죠. 다시 학교로 돌아와서는 1941년까지 예일 대학교에서 신경 생리학을 전공한 후 시카고 대학교의 정신과로 옮깁니다. MIT, 예일 대학, 시카고 대학 등에서 교수로 지냈고, 1967년부터 1968년까지 미국 사이버네틱스 협회의 창립 구성원이자 두 번째 회장을 역임했습니다.

이러한 이력만 봐도 굉장히 다재다능했다는 것을 짐작할 수 있습니다. 과학 연구뿐 아니라 소네트(정형시의 일종)까지 쓴 문학가였고, 건물과 댐을 설계하기도 했습니다. 1969년 9월 24일 매사추세츠주 케임브리지에서 눈을 감을 때까지 정말 다양한 일을 한 과학자입니다.

맥컬록과 함께 신경망 모델을 만든 피츠는 1923년 4월 23일 디트로이트에서 태어났습니다. 피츠는 평탄한 삶과 거리가 먼 인물입니다. 맥컬록과 무려 25살이나 차이가 나지만 그보다 4개월 정도 빠른 1969년 5월 14일에 46세의 젊은 나이로 사망했습니다. 사망 원인은 간경변증과 알코올 중독으로 인한 출혈성 식도정맥류였습니다.

독학으로 논리, 수학은 물론이고 그리스어와 라틴어까지 터득할 정도로 천재였던 피츠는 15세의 나이에 집을 나와 시카고 대학으로 갑니다. 20세기를

월터 피츠

대표하는 지성인인 버트랜드 러셀Bertrand Russell의 강의를 정식 학생으로 등록하지는 않았지만 열심히 들었습니다.

둘의 인연은 피츠가 12살 때로 거슬러 올라갑니다. 당시 피츠는 러셀의 『수학 원리(Principia Mathematica)』라는 책을 도서관에 3일 동안 틀어박혀 독파했습니다. 그리고는 러셀에게 책의 전반부에 심각한 오류가 있다는 편지를 보냅니다. 이 편지를 읽은 러셀은 곧바로 피츠에 대해 고마움을 표현했고 영국에서 공부할 수 있도록 케임브리지 대학으로 초대합니다. 하지만 12살짜리 미국 소년을 영국 대학원에 입학시킬 방도가 없어 무산됩니다.

3년이 지나 시카고에서 피츠를 만난 러셀은 그의 천재성을 재확인하고 이를 갈고 닦을 수 있도록 언어학자이자 논리학자인 루돌프 카르나프Rudolf Carnap를 소개합니다. 피츠는 카르나프를 만나기 전 그의 논문을 분석하고 개선할 점을 찾아냅니다. 카르나프 역시 이 소년의 천재성에 감동해 자신의 직장으로 데려와 함께 연구를 시작합니다. 어린 나이에 집에서 나와 노숙 생활을 전전하던 피츠에겐 삶의 전환점이었습니다.

이후 피츠는 엄청나게 많은 공부를 시작합니다. 카르나프의 추상 논리를 습득한 후 우크라이나의 물리학자 니콜라스 라스브스키Nicolas Rashevsky의 연구까지 관심을 가졌습니다. 그러면서 라스브스키의 팀원인 수학자 알스톤 스콧 하우스홀더Alston Scott Householder와도 긴밀한 관계를 유지했습니다.

피츠는 1942년까지 노숙 생활을 이어갔습니다. 그를 노숙에서 구해준 것은 바로 맥컬록입니다. 그는 피츠를 자신의 집에 살 수 있도록 초대했고 함께 연구를 시작했습니다. 여기서 앞서 말한 「신경 활동에 내재된 아이디어의 논리적인 미적분학」 논문이 탄생했습니다. 이 외에도 피츠는 동적 신경망과 네트워크에 의한 학습 방법에 대해 다양한 논문을 집필했습니다. 시카고 대학은 정규 교육과정을 받지 못해 학위가 없었던 피츠에게 이러한 성과에 대한 존경의 의미를 담아 준학사(準學士) 학위를 부여합니다.

1943년 피츠는 MIT에서 교수로 있는 노버트 위너Norbert Wiener를 소개받고 보스턴으로 떠납니다. 위너는 피츠의 능력을 알아보고 바로 고용합니다. 위너는 피츠를 폰 노이만에게 소개하는데 폰 노이만이 피츠와 맥컬록의 논문을 참고해서 만든 것이 최초의 프로그램 내장형 컴퓨터 '에드박(EDVAC)'입니다. 피츠는 이후 맨해튼 프로젝트(제2차 세계대전 중의 핵폭탄 개발 계획)에 참여하는 등 자신의 능력을 맘껏 펼치게 됩니다.

그런데 1952년 위너가 갑자기 피츠를 포함해 맥컬록과 관련된 모든 사람들과 관계를 끊어버립니다. 위너는 회고록에서 자신의 아내 마가렛이 맥컬록의 보헤미안적 생활 방식(속세의 관습이나 규율 따위를 무시하고 방랑하면서 자유분방한 삶)을 혐오했기 때문이라고 주장했습니다. 아무튼 위너와 관계가 끊어지면서 피츠는 스스로 사회에서 고립돼 갔습니다. 그러다 1965년 알코올 중독 등의 원인으로 요절하게 됩니다. 천재의 말년으로는 너무나 쓸쓸한 모습이었습니다.

똑똑 집어 생각 정리하기

사람의 지능을 초월한
'초인공지능' 나올까

가 인류가 인공지능을 초인공지능이라고 할 때 가장 먼저 생각해야 할 기준은 무엇일까? 사람보다 똑똑한 인공지능이라는 기준에 대해 개인적으로 생각하는 바를 정리해보자.

나 영화 속에는 빅 히어로에 나오는 '베이맥스'처럼 인류에게 큰 도움을 주는 좋은 인공지능이 있는가 하면 '터미네이터'처럼 인류에게 해를 가하는 존재도 있다. 본인이 생각하는 가장 이상적인 인공지능의 모습과 최악의 모습을 그려보고 이유를 생각해 보자.

다 초인공지능이 인간을 적대시하지 않고 인간에게 끝까지 도움을 주며 함께 살아갈 수 있도록 하기 위해 인류가 갖춰야 할 부분은 무엇일지 고민해보자.

라 사람과 인공지능의 가장 큰 차이가 무엇인지 고민해보자. 그리고 인공지능에게 한계가 있을지, 한계가 있다면 그게 어디까지일지 생각해보자.

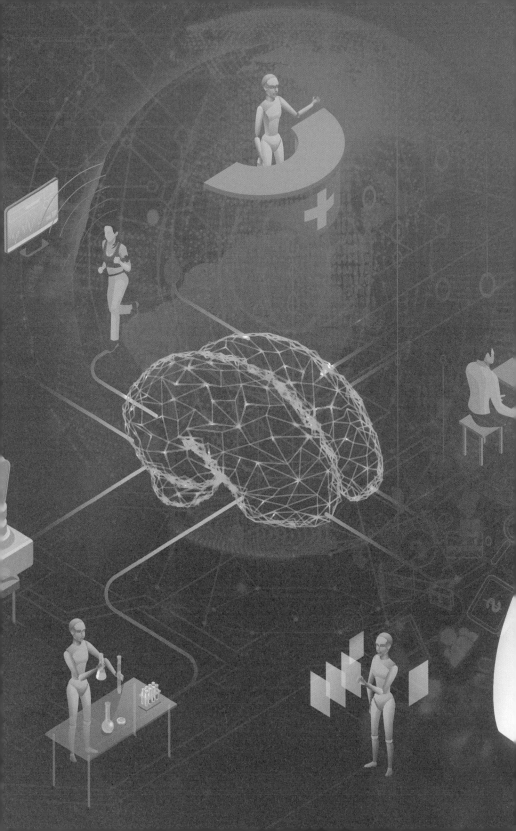

3부

왜 떴나, 분야별
대표 인공지능

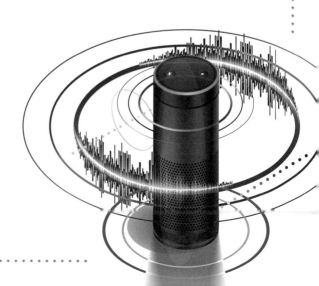

2016년 3월 13일 오후 1시. 이세돌 9단과 대국을 펼치던 알파고의 화면에 〈AlphaGo resigns. The Result 'W+Resign' was added to the game information〉이라는 메시지가 떴습니다. 이게 무슨 일인지 몰라 어리둥절하던 사람들은 중계진이 "알파고가 기권하고 이세돌 9단이 불계승을 거뒀다."라고 설명하자 환호를 질렀습니다. 알파고의 메시지는 "알파고는 물러납니다. 우리가 물러난 결과가 게임정보에 추가되었습니다."라는 뜻입니다. 이세돌은 알파고가 이 메시지를 세상에 보이게 한 최초의 인간이었습니다.

알파고 기권의 순간

인공지능과 인간의 대결은

이때가 처음이 아니었습니다. 이미 1997년 IBM의 슈퍼컴퓨터 '딥블루'와 러시아 출신 체스 세계챔피언 가리 카스파로프Garry Kasparov의 대결이 있었습니다. 이미 두 번의 대전에서 챔피언에게 패했던 슈퍼컴퓨터는 세 번의 도전 끝에 카스파로프를 꺾었습니다. 나중에 알려졌지만 챔피언을 꺾었던 딥블루의 '신의 한수'는 '버그'였다고 합니다. 카스파로프는 딥블루에게는 패했지만 이후에도 한동안 인간계 최고의 체스 강자로 군림했습니다.

알파고나 딥블루는 앞으로도 계속 인공지능 역사에 남아 있을 겁니다. 이 프로그램이 이뤄낸 성과는 인공지능의 발전을 한 단계 업그레이드시키기에 충분한 족적을 남겼기 때문입니다. 세상을 놀라게 한 이런 인공지능들을 이벤트를 펼친 하나의 셀럽으로만 치부하기엔 너무 아깝습니다. 왜 이 인공지능이 유명해졌고 이 인공지능 이전과 이후로 어떻게 인공지능이 달라졌는지 분석하는 시간을 가졌으면 합니다. 3부에서는 인공지능이 유명세를 탔던 분야를 꼽아 어떤 인공지능이 어떤 성과를 이뤄냈는지 알아보겠습니다.

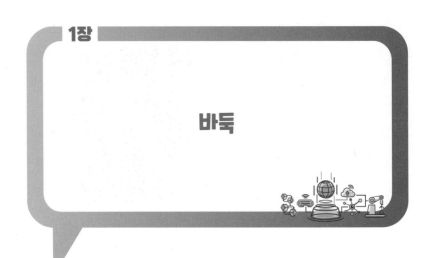

1장

바둑

사소취대(捨小就大)

당나라 시대 바둑 고수 왕적신王積薪의 글이라고 전해지는 바둑 비급 '위기십결(圍棋十訣)'의 다섯 번째 비급입니다. 해석하면 '작은 것은 탐하지 말고 큰 것을 취해야 한다.'라는 뜻입니다.

구글은 머신러닝 기반 바둑프로그램 알파고를 인수하고 대어를 낚아버립니다. 바로 2016년 3월 9일 이세돌 9단과 대국을 펼쳐 4승 1패로 승리를 거둬버린 겁니다. 알파고의 승리는 그해 사이언스가 뽑은 올해의 과학사건 4위를 차지할 정도로 전 세계에 충격을 안겨줬습니다. 그야말로 작은 것은 탐하지 않고 큰 것을 취해버린 사건이었습니다. 이후에도 알파고는 2017년 1월까지 인터넷 바둑 사이트에서 세계 정상급 기사를 상대로 60연승을 거둡니다.

알파고가 놀라움을 준 이유는 그 많은 대국에서 진행한 수가 바둑의 상식을 뿌리부터 흔들어 버렸기 때문입니다. 바둑은 그 역사가 언제부터 시작됐는지도 정확히 알 수 없는 게임입니다. 그저 중국 요 임금이 아들을 위해 만들었다는 설이 있을 정도입니다. 요 임금이 춘

바둑 요정이라 불리는 대만의 헤이자자 (25·黑嘉嘉) 7단 - © 헤이자자 인스타그램

추시대 인물이었던 점을 감안할 때 바둑은 적어도 3천 년 정도는 된 게임이라고 추정됩니다. 중국에서 시작했지만 한국과 일본에서도 많은 인기를 누리고 있습니다.

흑과 백을 손에 쥐고 한 사람씩 번갈아 가로세로 19줄이 그려진 바둑판에 돌을 얹고 집을 많이 지은 사람이 이기는 게임입니다. 중도에 기권도 가능합니다. 이걸 '돌을 던진다'라고 합니다. 집을 짓는 방법을 빼놓고 볼 때 설명만 들어서는 그다지 복잡한 게임이 아닌 것 같고 19×19의 바둑판에서 얼마나 많은 수가 나올까 하는 생각도 듭니다. 컴퓨터라면 다른 인터넷 보드게임들처럼 사람 정도는 쉽게 이길 수 있는 것 아닐까 하는 의구심까지 생기기도 합니다.

하지만 바둑에서 생겨날 수 있는 수의 양을 보면 단순히 데이터베이스에서 가장 적합한 위치만 골라서 지정하는 것만으로는 바둑을 둘 수 없다는 결론이 나옵니다. 2016년 존 트럼프John Tromp라는 사람이 바둑에서 가능한 배치의 수를 계산했습니다. 그

존 트럼프

의 홈페이지[1]를 참고하면 19×19에서 나올 수 있는 바둑의 수는 총 208,168,1 99,381,979,984,699,478,633,344,862,7 70,286,522,453,884,530,548,425,639,4 56,820,927,419,612,738,015,378,525,6 48,451,698,519,643,907,259,916,015,6 28,128,546,089,888,314,427,129,715,3 19,317,557,736,620,397,247,064,840,935가지입니다. 약 10^{171} 정도 되는 어마어마한 수입니다. 자세한 계산 내용은 홈페이지[2]에서 확인할 수 있습니다. 체스도 복잡하긴 하지만 바둑에 비하면 계산이 가능한 게임으로 평가받고 있습니다.

저 어마어마한 경우의 수 때문에 바둑이야말로 컴퓨터가 인간을 이기기 가장 힘든 분야라는 이야기가 나왔던 겁니다. 바둑은 돌과 돌 사이의 관계에 점수를 매길 수도 없습니다. 어느 돌과 어느 돌 사이의 관계를 설정해야 할지 모르기 때문입니다. 즉, 평가 대상 자체가 애초부터 존재하지 않는 겁니다.

바둑에 대한 인공지능의 도전이 가능하게 된 것은 몬테카를로 방식 덕분입니다. 몬테카를로 방식이란 난수를 이용하여 함수의 값을 확률적으로 계산하는 알고리즘을 말합니다. 쉽게 이야기해 주사위를 던져 나온 값으로 시뮬레이션을 한다는 의미입니다. 바둑을 예로 들면 어떤 국면이 벌어졌을 때 무작위로 수를 두어서 이겼는지 졌는지를 따져 정보를 수집하는 방식이라는 겁니다.

아무 데나 바둑돌을 던지는 건 기어 다니는 아기도 할 수 있는 일입니다. 이러한 몬테카를로 방식을 바둑을 위한 인공지능에 접목하고 어느 정도 시행착오를 거치다 보면 프로 바둑기사 흉내는 낼 수 있는 수준이 되고 그때부터는 이를 기준으로 학습에 들어가기 시작합니다.

이쯤에서 등장한 것이 알파고였습니다. 네이처에서 공개한 알파고의 메커니즘을 보면 몬테카를로 방식의 바둑을 기반으로 딥러닝을 접목했습니다. 실제 프로 기사가 둔 기보를 딥러닝한 후 지도학습을 진행한 결과, '프로 기사라면 이 상황에서 이렇게 두겠군.' 같은 자체 판단이 가능하게 됐다고 합니다.

알파고가 이세돌을 이길 수 있었던 가장 큰 무기는 바로 '강화학습'이었습니다. 강화학습은 쉽게 이야기해 알파고와 알파고를 싸우게 하는 겁니다. 물론 조금씩 다른 버전의 알파고였습니다. 대결은 토너먼트가 아닌 리그 형식으로 진행됐으며 대국 횟수는 약 3천만

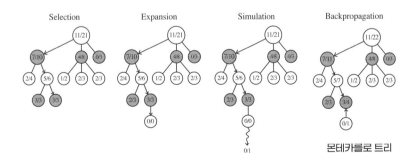

몬테카를로 트리

번을 돌파했다고 전합니다. 구글은 이 대국의 결과 데이터를 바탕으로 승패를 예측하는 프로그램까지 만들었고 여기에도 딥러닝 방식을 적용했습니다. 이러한 기술들이 전부 결집되어 비교적 짧은 시간에 가장 유명한 인공지능으로 거듭날 수 있었던 것입니다.

알파고의 승승장구가 화제가 되자 많은 바둑 인공지능들이 우후죽순처럼 생겨나기 시작했습니다. 기본 메커니즘은 공개가 되었으니 이제 따라만 하면 되겠다고 생각한 겁니다. 국내에서 가장 유명한 것은 NHN에서 2017년 12월 공개한 '한돌'로 알파고 관련 논문에 있는 기계학습 방식들을 사용해 어지간한 프로 바둑기사는 가뿐하게 물리칠 정도의 실력을 갖췄습니다.

2018년 12월부터 이듬해 1월까지 한돌은 국내 최정상 기수들을 모두 꺾어버리는 기염을 토합니다. 당시 한국 랭킹 2위였던 박정환 9단과의 대국은 2시간 5분, 280수 만에 백 2.5집 승이라는 결과가 나왔는데, 시합 이후 "인공지능이 나온 초창기에는 인간의 자존심도 있고 해서 무조건 이겨야겠다는 마음이 강했는데 지금은 너무 앞서가서 제 바둑 실력을 늘리기 위해 열심히 배운다는 자세로 둔다."고 박정환 9단이 말할 정도였습니다. 당시 랭킹 1위였던 신진서 9단에게는 반집 불계승을 거둡니다.

인공지능 바둑 프로그램들이 많이 생겨나자 이들끼리 붙는 대회도 생겼습니다. 2019년 8월에 중신증권배 AI 바둑대회가 열렸는데 한국 대표로 참가한 한돌은 3위를 차지합니다. 준결승에서 만난 상대는 중국 텐센트의 절예(絶藝, FineArt). 경기 후 이창율 NHN 게임AI

이세돌 9단과 한돌

팀장은 "첫 출전한 대회이기 때문에 4강까지만 올라가면 좋겠다고 생각했는데 3위를 기록했기에 만족한다."라고 이야기했습니다. 한돌은 이세돌 9단의 은퇴경기를 함께해 주기도 했습니다.

이제는 프로 기사가 인공지능을 이용해 바둑을 공부하는 시대가 됐습니다. 중국 랭킹 1위 커제 9단은 "요즘은 대부분의 프로 기사가 인공지능으로 훈련하기 때문에 만약 인공지능 없이 공부하면 크게 손해 볼 수 있다."라며 "인공지능을 연구함으로써 자신의 장점과 바둑에 대한 이해가 깊어진다."고 말했습니다. 커제 9단이 이 이야기를 한 것은 알파고가 등장한 지 3년 만이었습니다.

동수상응(動須相應)

'동수상응'은 '위기십결'의 여덟 번째 계명으로 돌이 움직일 때는 주위의 돌과 호응해야 한다는 뜻입니다. 이제 인간도 다양한 분야에서 인공지능이라는 돌과 호응하면서 함께 성장해야 하는 시대가 됐습니다.

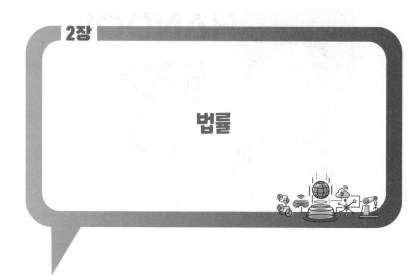

2장

법률

지난 2018년 9월 24일 국정감사 기간에 우리나라 법체계를 설명하는 재미있는 통계가 나왔습니다. 당시 국회 법제사법위원회 소속이었던 주광덕 의원이 "최근 10년간 민·형사 재판에서 당사자들이 신청한 6천여 건의 '판사 교체' 요구 중 법원이 받아들인 것은 5건에 불과하다."라고 밝힌 겁니다. 일단 6천여 건이나 판사 교체를 요구했다는 것은 주 의원의 말대로 '최근 사법부에 대한 국민의 신뢰가 크게 떨어진' 현상을 증명하는 사례입니다.

2020년 4월에는 온라인 성범죄 사건인 일명 'n번방 사건'을 배당받은 판사를 교체해 달라는 국민청원이 올라오고 여기에 무려 40만 명 이상이 동의하는 일이 벌어져 결국 해당 판사가 스스로 재판부 교체를 요청하기에 이르렀습니다. 이러한 일들은 자칫 사법부의

대한민국 법원 전경

독립을 침해할 소지가 있을 수 있지만, 사법 체계에 대한 국민들의 불신이 얼마나 높은지 되돌아보는 계기도 되었습니다.

이러한 상황들이 지속적으로 발생하자 인공지능 판사에 대한 관심이 생기기 시작했습니다. 사람들은 "판사들이 제대로 판결도 못 하는 마당이니 인공지능 판사로 싹 바꿔라!"라고 목소리를 높이기 시작했습니다. 2018년 9월 15일자 연합뉴스의 '유전무죄 무전유죄 싫다… AI 판사에 재판받을래요.'라는 제목의 기사는 "함께 재판을 받는 상대편이 엄청난 부자이거나 권력층이라면 공정한 판결을 받기 위해 인공지능 판사를 선택할 것 같아요."라는 말로 시작합니다.

대검찰청의 검찰통계 시스템에 따르면 우리나라 1심 무죄율은 2018년 기준 0.79%, 2심 무죄율은 1.69%에 불과합니다. 그런데 우리는 뉴스에서 무죄 판결을 받고 풀려나는 정치인이나 재벌들을 자주 봅니다. 이런 것이 사람들이 인공지능 판사를 원하게 된 이유가 아닐까 생각됩니다.

한예라 성균관대 로스쿨 교수는 법률신문 칼럼을 통해 "현 기술 수준에서 인공지능이 판사를 완전히 대체하는 것은 불가능하다."라고 못을 박았습니다. 그 근거로는 "인공지능이 특정 주제가 아닌 모든 면에서 인간과 대등하거나 우월한 수준의 판단력을 가진 강한 인공지능 수준이 되어야 하는데, 강한 인공지능은 아직 존재하지도 않고 근시일 내에 개발될 가능성도 희박하다."라고 주장하였습니다. 하지만 인공지능이 판사 역할을 오롯이 대신할 수는 없어도 보조 역할은 가능하다고 덧붙였습니다.

그러나 실제로 인공지능 판사가 재판을 진행한 사례도 있습니다. 물론 우리나라가 아니라 다른 나라 이야기입니다. 북유럽의 에스토니아 공화국은 구(舊)소련에서 독립한 국가로 우리나라의 반 정도 면적에 130만 명 정도가 살고 있는 작은 나라입니다. 하지만 에스토니아는 IT 최강국이라고 불릴 만큼 디지털 기술이 발전해 있습니다. 에스토니아는 '엑스로드(X-Road)'라는 블록체인 기반 국가 빅데이터 플랫폼을 구축했습니다. 각종 공공기록과 금융, 통신, 의료 등 개인 이용 서비스가 이 플랫폼을 통해 통합 관리되고 있을 정도입니다.

이런 배경을 바탕으로 에스토니아는 7천 유로 이하의 소액재판에 인공지능 판사를 씁니다. 인공지능 판사를 사용함으로써 국민들은 좀 더 빠른 재판 결과를 얻을 수 있고 인간 판사들은 더 중요한

에스토니아의 전자 시민권

사건에 집중할 수 있게 됐습니다. 에스토니아의 인공지능 판사는 기존 판례 등이 들어 있는 빅데이터를 이용해 판결하도록 설계했습니다. 소액재판의 경우 대부분 정형화한 유형의 분쟁이기 때문에 인공지능 판사로도 충분히 판결이 가능하다는 것이 이 나라의 설명입니다.

한 교수의 말대로 수사나 판결의 보조 역할을 하는 인공지능은 여러 곳에서 운영 중입니다. 중국은 2019년 초부터 '인공지능 가상 판사'가 형사 소송의 전 과정을 돕는 온라인 서비스를 도입했습니다. 판사라기보다는 변호사가 법률 상담을 해주는 것과 비슷한 서비스입니다. 서비스 이용자가 가상 판사에게 법률 자문을 요청하면 질문 중에서 키워드를 검색해 맞춤형 답변을 제공하는 방식입니다. 호주의 가정법원은 이혼재판에서 인공지능이 94개 요소를 제시하고 부부의 재산 분할을 도와줍니다.

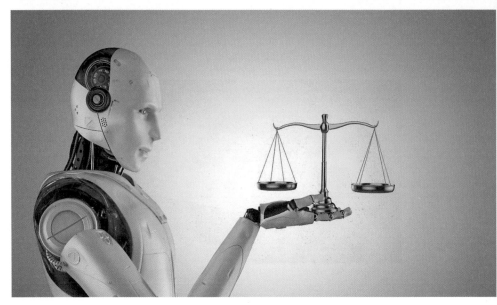

인공지능 판사는 정형화된 판결에 매우 효율적이다.

  기존 판례에서 비슷한 사례가 무엇이 있는지 찾아주는 역할 역시
인간이 인공지능의 속도를 따라갈 수 없습니다. 기계가 검증하기
불확실한 문서만 인간이 선별적으로 분류하면 많은 시간을 절약할
수 있습니다.

  일반 법률 사무소 쪽으로 활용 분야를 넓히면 훨씬 다양한 접근
이 가능합니다. 변호사 사무실에서 많이 하는 실사 업무나 계약의
점검 및 분석 등은 인공지능의 전문 분야가 될 수 있습니다.

  실제로 케임브리지 대학교에서 개발한 패덤(Fathom) 엔진으로 만
들어진 '쏫리버(ThoughtRiver)'라는 법 분야의 인공지능이 있습니다.
이 프로그램은 계약서와 다른 문서들을 분석해 계약자에게 위험 정
보를 알려줍니다.

  딥마인드가 강화학습을 이용해 바둑 결과 예측 프로그램을 만들

쏫리버

었듯이 소송의 결과를 예측하는 프로그램도 가능할 겁니다. 수년
동안의 법정 데이터를 분석해 프로그램을 만들면 법정으로 가야할
사건인지 합의를 해야 할 사건인지 사전에 판단하는데 도움을 받을
수 있을 겁니다. IBM의 유명 인공지능 프로그램인 왓슨(Watson)을
법률에 도입한 프로그램이 바로 미국 로펌 베이커 앤드 호스테틀러
(Baker & Hostetler)가 사용하는 '로스(Ross)'입니다. 로스는 변호사들을
도와주는 역할을 합니다. 변호사들이 질문을 하면 시스템에 저장
한 관련법들을 조사하고, 증거를 모아 추론해서 연관성이 높은 답
을 내놓습니다. 기존에 저장한 법만을 이용하는 것이 아니고 24시
간 내내 새로운 법률 내용을 모니터합니다.

　이렇게 인공지능이 법률계의 곳곳에 활용되면서 편리함을 가져
오는 이면에는 우려가 있는 것도 사실입니다. 법을 집행하는 데 있

어 가장 중요한 것은 정확성과 투명성입니다. 판결은 어떤 경우에든 명확하고 정당한 설명이 필요합니다. 하지만 판결이 정확할지는 몰라도 인공지능에게 그 판결이 어떻게 나오게 됐는지 설명을 듣는 것은 쉽지 않은 일입니다.

그리고 당연한 얘기지만 인공지능에게는 양심이라는 것이 없습니다. 양심은 도덕적인 부분에 영향을 줍니다. 즉 윤리적인 문제에 맞닿을 수 있습니다. 또한 인공지능을 사용하기 위해서는 많은 데이터를 사용해야 하기에 보안, 개인정보 등에 대해 쉽게 접근해야 하는데 인공지능은 어디까지가 적당한 선인지를 아직 분간할 수 없습니다.

만에 하나 잘못된 정보로 인한 오류가 일어났을 때 책임 문제도 있습니다. 무죄인 사람을 유죄로 판결했을 때 피해자는 누구에게 책임을 물어야 할지 난감해질 것입니다. 이러한 문제점 때문에 대중이 법률 부분에서 얼마나 인공지능을 받아들일지도 확신할 수 없습니다.

이러한 문제점에도 불구하고 언젠가 인공지능이 법복을 입는 미래가 오리라는 사실은 너무나도 자명해 보입니다. 그 시작은 아마 스포츠 경기장이 되지 않을까 싶습니다. 야구장에는 이미 몇 년 전부터 비디오 판독 시스템이 도입되어 있습니다만 오심에 대한 문제가 계속 제기되고 있습니다. '오심도 경기의 일부'라는 말로 넘어가기에는 팬들의 인내심도 바닥이 났습니다. 그 결과 비디오 판독을 넘어 인공지능 로봇 심판까지 등장하게 되었습니다. 미국의 독립

리그인 애틀란틱 리그 올스타전에 처음 등장한 이 로봇 심판은 판정 결과를 인간 심판에게 알려줍니다. 인간 심판은 그 판정 결과를 듣고 선언만 하면 되는 시스템입니다. 아직은 어색해 보이는 풍경이지만 멀지 않은 미래에 잠실 운동장에서도 검은색 심판복을 입은 인공지능 로봇이 서 있는 것을 볼 수 있을지도 모릅니다. 팬들이 납득할 수 없는 오심이 계속된다면 말입니다.

의학

　　　　　　　　수년 전 국내에서도 인기를 끌었던 '닥터 하우스'라는 미국 드라마가 있습니다. 까칠한 성격의 주인공 닥터 하우스는 프린스턴 플레인즈버러 대학병원의 진단의학과 과장입니다. 주변 사람들이 참아주기 힘든 괴팍한 성격과 약물 중독자임에도 불구하고 이 의사가 병원 내에서 최고 대우를 받는 이유는 환자의 병명을 정확하게 진단하기 때문입니다. 의료 종사자의 윤리 따위는 전혀 아랑곳하지 않고 오로지 환자의 병명 진단에만 몰두하는 모습은 어딘지 모르게 인공지

드라마 '닥터 하우스'

능의 모습과 닮아 보입니다.

실제로 의학 분야에서 인공지능이 가장 활약하는 분야가 바로 진단 분야입니다. IBM이 개발한 인공지능 컴퓨터 왓슨은 알파고의 등장과 함께 함께 스타로 떠올랐습니다. 왓슨은 의료용으로 많이 알려져 있지만 사실은 여러 가지 일을 하는 인공지능입니다. 2011년에는 미국의 유명 퀴즈쇼 제퍼디에 출연한 적도 있습니다.

왓슨이 의학 분야에서 유명해진 것은 미국 매사추세츠주 케임브리지 켄달스퀘어에 있는 왓슨 헬스 그룹 덕분입니다. 이곳에서 만든 왓슨은 전 세계 암 연구 센터 등에 사용되고 있습니다. 논문 분석이나 실험 등에 인공지능을 활용해 수십 년 걸릴 분석을 한 달 만에 해결하여 세계를 놀라게 하기도 했습니다. 일본 도쿄대 의과학 연구소에서는 닥터 하우스처럼 '2차성 백혈병'이라는 특수질환자의 병명을 알아내 생명을 구하는 일까지 있었습니다.

2016년 5월 IBM의 헬스케어를 이끄는 줄리 바우저Julie F. Bowser IBM 글로벌 생명과학분야 상무는 연합뉴스와 인터뷰를 통해서 "인간이 창출한 데이터를 보면 의료분야는 유전학 5%, 치료·임상시험 등 의학 20%뿐이고 나머지 75%는 사람의 행동 등과 같은 비의료분야"라면서 "반면 왓슨은 100%의 모든 데이터를 활용한다."고 말했습니다. 왓슨은 사람보다 많은 데이터를 분석하기 때문에 더 정확할 수 있다는 뜻입니다. 치료가 어려운 희귀질환도 기존에 활용하지 못했던 데이터까지 확보할 수 있다면 진단 및 치료가 가능할 것이라고 내다봤습니다. 실제로 당시 왓슨의 암 진단 정확도가

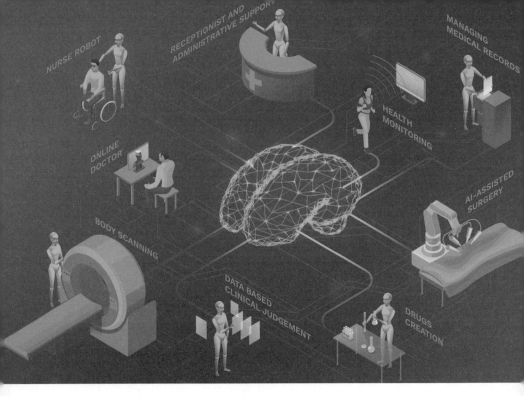

인공지능은 이제 인간의 건강까지 책임지려 한다.

96%에 달한다는 보도가 쏟아졌습니다.

　왓슨은 이러한 인기와 알파고 열풍을 등에 업고 2016년 인천 가천대학교 길병원을 통해 처음 우리나라 땅을 밟아 유방암, 폐암 등 여덟 종류의 암 환자를 대상으로 진료를 시작했습니다. 그해 12월 길병원은 병원 1층에 '인공지능 암 센터'를 설립합니다. 인공지능 의사에 관한 입소문은 굉장해서 약 1년 만에 600명이 넘는 환자가 왓슨에게 진료를 받았습니다.

　왓슨을 사용하는 방법은 매우 간단합니다. 환자의 특성과 과거 수술 치료 경험 등 20~30%의 정보를 입력하고 '애스크 왓슨(ask

Watson)' 버튼만 누르면 됩니다. 그러면 왓슨이 즉각 전 세계의 논문과 치료 데이터를 검색해 치료 방법과 투여할 약물 정보를 우선순위를 정해서 알려줍니다. 의사가 미처 파악하지 못했던 최신 치료 방법까지 찾아 알려주기 때문에 매우 인기가 있었습니다.

왓슨을 찾는 환자가 늘었고 의사들은 왓슨이 제시한 우선순위를 참고해 치료법을 결정했습니다. 당연히 고객의 만족도는 올라갔고 환자들이 몰렸습니다. 왓슨을 도입하는 병원은 점차 늘어났습니다. 지방에 있는 대학병원들도 앞다퉈 왓슨을 도입했고 공공병원 중에서는 중앙보훈병원이 최초로 왓슨을 데려왔습니다. 지방 대학병원은 왓슨 도입 이후 서울로 가는 환자의 발길을 잡았다는 성과를 발표하기도 했습니다.

이렇게 승승장구하던 왓슨이 최근엔 보이지 않고 있습니다. 대전 지방의 한 대학병원의 관계자는 "왓슨은 커버가 씌워진 채 오랫동안 방치돼 있다."라고 이야기했습니다. 이유가 뭘까요? 최신 치료법을 정확하게 제시하고 환자들의 신뢰까지 높았던 왓슨이 진료실에서 자취를 감추게 된 이유는 의사들의 질투 때문이 아니었습니다.

인도 마니팔병원이 3년간 IBM왓슨의 진료 성적을 공개하면서 왓슨에 대한 신뢰도가 떨어졌기 때문입니다. 이 성적표에는 유방암, 대장암, 직장암, 폐암의 4가지 암 환자 1,000명에 대한 왓슨의 판단 결과가 나왔는데요. 직장암의 경우 왓슨의 치료 권고안과 의사 판단이 일치하는 비율이 80%로 높았지만 폐암은 17.8%밖에 되지 않았습니다. 암 종류에 따라 큰 차이를 드러낸 것입니다.

인도 마니팔병원

　길병원 역시 도입 1주년을 맞아 연구결과를 발표했는데 성적이 시원찮았습니다. 연구결과에서 의료진과 왓슨의 의견 일치율은 55.9%밖에 안 됐습니다. 4기 위암 환자에 대한 의견 일치율은 40%에 그쳤습니다. 건양대병원의 연구 내용도 비슷했습니다. 유방암 환자 100명에 대한 연구 결과 일치율은 48%였습니다. 결국 왓슨은 처음 기대와 달리 의사와 의견 일치율이 매우 낮은 것으로 판명나면서 시장에서 퇴출되기 시작한 것입니다.

　환자들 입장에서는 인공지능이 맞고 인간 의사가 틀린 것 아니냐고 생각할 수 있습니다. 하지만 왓슨에게는 몇 가지 한계가 존재합니다. 일단 의사의 개인적 소견이나 추상적 표현을 제대로 인식하지 못합니다. 또 깜빡하고 몇 가지 데이터가 누락되면 전혀 다른 진단을 할 때도 있습니다. 나라별로 임상 양상이 다른 것도 고려하지 못합니다. 이건 왓슨을 제작한 나라가 서양이라는 점에서 한국인에게 치명적인 위협이 될 수 있는 부분입니다. 비용이 고가인 것도 인공지능 의사가 하얀색 가운을 입는 것을 방해했습니다.

결국 미국 IBM 본사는 2018년 10월 말 왓슨 헬스를 이끌어온 데보라 디산조Deborah DiSanzo 수석 부사장이 회사를 떠났다고 발표했습니다. 이에 앞서 5~6월에도 관련 사업에 대한 구조조정을 실시했습니다. 의료용 인공지능 사업이 실패했다는 평가를 내린 것입니다.

왓슨이 실패했기 때문에 의학 분야에서 인공지능은 완전히 사라질까요? 그런 걱정은 당분간 하지 않아도 될 것 같습니다. 왓슨의 시대는 막을 내렸지만 후발 주자들이 눈을 부릅뜨고 줄 서있기 때문입니다. 현재도 마이크로소프트, 올림푸스, 메드트로닉, 지멘스 등 다수의 외국계 기업들이 의료용 AI를 개발 중입니다.

의학 분야에서 인공지능 이용 분야도 매우 다양해지고 있습니다. 왓슨의 실패가 뼈아프기는 하지만 인공지능은 여전히 의학 이미징 분석 분야에서 비용 및 시간 절약에 탁월한 역할을 해주고 있습니다. 또 영국에서는 심장박동의 패턴을 인식하고 심혈관질환을 진단하는 데 인공지능을 사용하고 있습니다. 파킨슨병 같은 뇌신경계와 연관된 질병을 진단

데보라 디산조

하고 증상을 모니터링 하기 위한 음성 패턴 분석에도 큰 역할을 합니다. 기존에는 암 이미징 분석에만 초점을 맞췄다면 이제는 신경 시스템이나 신경병 진단을 위한 사진 판독 인공지능 기술도 연구되고 있습니다. 뇌졸중을 초기 진단하기 위한 시스템 개발도 이어지고 있습니다.

의학 분야는 사람의 목숨과 직접적인 연관을 가지고 있습니다. 특히 왓슨을 활용하는 암 진단 분야는 치료법에 따라 매우 큰 위험을 환자에게 줄 수도 있습니다. 신뢰성은 물론이고 개인 정보 이용 등에 대한 법률 및 규제 그리고 사람마다 다른 개성 등을 인공지능이 해결하지 못한다면 우리는 은퇴한 닥터 하우스를 다시 찾아가는 수밖에 없을 것입니다.

4장

엔터테인먼트

기계가 만든 음악이라 하면 어떤 느낌이 들까요? 팝 음악을 좋아하는 기성세대라면 독일 그룹 '크라프트베르크(Kraftwerk)'의 음악들이 떠오르실까요? 'The Robots' 같은 곡은 처음 접했을 당시 도대체 인간이 만든 곡 같지 않았으니까요. 조금 젊은 세대라면 '다프트 펑크(Daft Punk)'의 음악이 생각날 수도 있겠네요. 영화 트론(Tron)의 디지털 그득한 영상과 다프트 펑크의 음악은 너무나도 잘 어울렸습니다. 혹시 모르신다면 'Da Funk'나 'The Game Has Changed' 같은 곡을 들어보세요.

최근 세대라면 이 질문에 대해 '인공지능이 만든 음악'이라고 답할지도 모릅니다. 앞에 소개한 크라프트베르크나 다프트 펑크 같은 그룹의 음악은 기계를 사용해 기계음을 만들어 내기는 했지만 결국은 인간이 만든 음악이죠. 하지만 인공지능은 최근 직접 작곡, 연

109

크라프트베르크

주하기 시작했답니다. 인공지능은 인간 작곡가가 수년에 걸쳐 만들어 내는 음악을 딥러닝을 이용해 학습하고 단시간에 음악을 완성합니다.

2016년 인터넷에 '비틀즈(Beatles)'의 신곡 같은 음악이 돌아다녔습니다. 정체는 소니 컴퓨터 과학연구소에서 '플로우머신즈(FlowMachines)'라는 인공지능을 이용해 작곡한 곡이었습니다. 이 인공지능은 사용자가 원하는 스타일로 작곡을 하는데요. 저 곡들은 당연히 비틀즈 스타일을 요청해 만들어진 곡입니다. 당시 플로우머신즈는 1만3,000여 곡의 데이터베이스를 바탕으로 음악을 배웠다고 하네요.

미국의 인기 가수 타린 서던Taryn Southern은 2017년 인공지능이 만든 노래에 목소리를 입혀 발표했습니다. 'Break Free'라는 제목의 이 곡은 발표된 지 3년이나 된 음악이지만 완성도가 상당히 높습니다. 유명 작곡가와 프로듀서와 함께 제작한 곡이라고 해도 무색할 정도입니다.

플로우머신즈

우리나라에서도 2018년 초 인공지능 작곡가가 만든 음원이 공개됐습니다. A.I.M.이라는 인공지능 음반 레이블까지 등장했습니다. 이 레이블의 홈페이지3)에 들어가면 ARKAY의 '아픈 손가락'을 포함해서 9곡 정도의 인공지능이 만든 음악을 들어볼 수 있습니다. 당시 레이블 출시 공개행사에서는 댄서 팝핀현준이 출현해 자신에게 맞는 음악을 인공지능에게 주문했고 30초 만에 완성된 곡을 받는 모습을 연출하기도 했습니다.

관심이 있다면 영국의 인공지능 스타트업 쥬크덱의 홈페이지4)에서 인공지능 음악을 체험해볼 수 있습니다(이 책을 집필하는 당시에는 잠시 홈페이지가 공사 중이네요). 그 외에 엠퍼 홈페이지5)에서도 인공지능 음악의 체험이 가능합니다.

서울대학교 서양음악연구소의 박재록 교수의 '음악 제작에 도입된 기술과 인공지능에 관한 역사적 관점에서의 고찰'에서는 "음악은 지금 우리가 알고 있는 예술의 여러 하위 분야 중에서 수학과 가장 밀접하게 관련이 있다."라

3)

4)

5)

고 설명하고 있습니다. 음악이 수학적으로 되어 있기에 인공지능에서 사용하는 여러 수학이론을 음악에 적용할 수 있다는 것입니다.

인공지능을 예술에 사용하는 가장 대표적인 예도 역시 구글입니다. 인공지능 '마젠타(Magenta) 프로젝트'가 그 주인공인데요. 2016년에 처음 입안된 이 프로젝트는 '인공지능이 예술가에게 새로운 영감을 줄 수 있을까?'라는 의문을 바탕으로 시작됐습니다. 마젠타는 신경 신디사이저(Neural Synthesizer)라는 음악합성방식 제안 인공지능 프로그램을 만들었는데 딥러닝을 이용해 여러 악기 소리와 악보로 표현된 데이터 세트를 학습합니다. 신경 신디사이저가 공부하는 음은 최대 30만 개이고 악기 데이터는 최대 1천 개에 달합니다. 2019년 3월에는 바흐의 생일을 맞아 사용자가 입력한 선율에 마젠타 기능을 이용해 바흐 코랄 양식의 반주를 자동으로 생성해주는 구글 두들(Google Doodle, 기념일 로고)도 공개되었습니다.

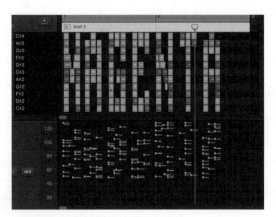

구글의 마젠타 프로젝트

마젠타 프로젝트는 미술에도 도전장을 내밀었습니다. 시작한 지 1년 만에 고양이 스케치를 학습해, 사람이 그린 그림을 고양이 그림 비슷하게 고쳐주는 수준까지 도달했습니다. 이건 구글이 딥러닝 기술 중 하나인 RNN(Recurrent Neural Network: 순환신경망)을 접목한 결과입니다.

겨우 고양이 그림이나 수정해 주던 수준의 인공지능이 이제는 경매 시장을 통해 그림을 팔기 시작합니다. 독일 인공지능 아티스트 '마리오 클링게만(Mario Klingemann)'이 제작한 '행인의 기억 I(Memories of Passersby I)'이라는 미술작품이 소더비 경매장에 출품되었습니다. 얼핏 보면 두 명의 초상화처럼 보이는 이 작품은 몇 초 간격으로 움직이는 동화입니다. 받침대에는 인공지능 컴퓨터가 들어있습니다. GAN(Generative Adversarial Network: 생성적 적대신경망)이라는 기술이 도입된 이 작품은 무려 4만 파운드(약 6천만 원)에 낙찰되었습니다.

행인의 기억 I

컴퓨터 그래픽 기술이 발전하면서 포토샵 같은 편집 프로그램으로 사진을 보정하는 일은 아주 흔해졌습니다. 한국전자통신연구원 (ETRI)은 이런 편집 프로그램을 하나도 몰라도 간단한 스케치와 바탕색 지정만으로 실물에 가까운 이미지를 생산해주는 인공지능 프로그램을 개발했습니다.

2019년 12월 발표한 이 프로그램에도 GAN 기술이 활용됐습니다. 사진 속 인물이 하고 있지 않은 액세서리를 추가하거나 머리 모양, 표정까지도 간단한 작업으로 인공지능이 자동 편집해 줍니다. 시각지능 기술을 개발하는 딥뷰(DeepView) 프로젝트의 일환으로 공개됐습니다. 관련 기술을 발전시켜 나가면 우리나라에서도 조만간 세계 미술계를 깜짝 놀라게 할 인공지능 작가가 탄생할 수 있을 것 같습니다.

소설은 어떨까요? 2016년 인공지능이 쓴 창작 소설이 일본에서 호시 신이치상 1차 예선을 통과하는 일이 발생했습니다. 그로부터 3년 후 KT와 한국콘텐츠진흥원은 총상금 1억 원을 내걸고 국내 최

KT 인공지능 소설 공모전

초로 온라인 소설 공모전을 개최했습니다. 여기서 인공지능 스타트업 기업 '포자랩스'의 인공지능이 집필한 『설명하려 하지 않겠어』가 최우수상을 수상했습니다.

소설을 쓰는 인공지능 역시 딥러닝 방식을 이용합니다. 기존 소설에 나오는 수백만 개의 문장을 학습하고 여기에 이야기를 풀어가는 맥락을 파악한 후 인간의 창작 방식을 기본으로 소설을 만들어 냅니다. 다만 현재로서는 실제 소설가나 시인처럼 멋들어진 문장을 만들어 내지는 못하는 것 같습니다. '가도 아주 가지는 않노라심은 굳이 잊지 말라는 부탁인지요.' 같은 김소월의 시구처럼 감동적인 문장은 아직 불가능할 것 같습니다.

네이버웹툰은 딥러닝을 이용해 밑그림에 펜선을 자동으로 그려주고 채색까지 해주는 기술을 개발 중입니다. KAIST AI 대학원 주재걸 교수 등이 참여한 이 연구는 컴퓨터 비전 분야 세계 최고로 꼽히는 학회 CVPR에 2020년 논문을 출판할 정도로 인정을 받았습니다.

영국 텔레그래프에 따르면 3~5년 사이에 인공지능 미술 시장은 세계적으로 1억 달러 규모에 도달하리라고 예측되어지고 있습니다. 과연 인공지능이 인간 예술가들을 뛰어넘을 날이 올까요? 살짝 기대가 되기도 합니다.

5장

도우미

　　　　　　　　　　　　　지금으로부터 약 20년 전인 2001년,
한국과학기술단체총연합회에서 발간하는 《과학과 기술》에 고(故)
현원복 박사의 '다가온 도우미로봇 시대'라는 글이 실렸습니다. 현
박사는 우리나라 한국과학기술한림원 창립회원이자 종신회원, 남
북과학기술교류위원회 공동위원장, 한국과학기술사 편찬위원장을
역임하고 정책학부 원로회원으로 재임하셨던 분입니다. 현 박사는
2000년 11월 일본 요코하마에서 열린 '인간도우미 로봇전시회(로보
덱스 2000)'를 참관하고 로봇과 인공지능이 미래 세상을 바꿔 놓을 것
이라고 예측했습니다.

　이 글에서 그는 "2010년경에는 거리에서 사람처럼 걷고, 말하고,
생각하는 '로보 사피엔스(지능 로봇)'와 심심찮게 마주치게 될 것으로
기대하는 전문가들이 많다."라고 적었습니다. 칼럼에서는 인공지

소니의 로봇 강아지 '아이보' © SONY

능보다는 로봇에 대한 이야기가 주를 이뤘습니다. 당시 선풍적인 인기를 끌었던 소니의 로봇 반려견 아이보나, 대표적인 안드로이드 아시보, 인간의 표정을 따라할 수 있는 고바야시 교수의 로봇 등이 발전해 미래에 도우미 역할을 맡게 되리라 예상했습니다.

특이한 것은 글 중반 즈음에 나온 학습하는 로봇에 관한 내용입니다. 2001년이면 아직 '딥러닝'이라는 단어가 나오기 전이었는데, "일부 유럽과 미국 연구소에서는 '진화형 로봇'으로 불리는 생물학적 접근방법에 주목하고 있다."라고 전하고 있습니다. 이미 2001년에 학습하는 인공지능이 달린 로봇의 개발이 진행되고 있었던 겁니다.

20년 전부터 인류는 인공지능을 가진 로봇이 사람에게 도움이 되리라 여기고 연구, 개발하고 있었습니다. 로봇 기술의 발전속도에 비해 이를 뒷받침할 인공지능 기술의 발전속도는 다소 느려 보입니다다만 딥러닝 기술의 발명 이후로는 매우 빠른 속도로 간극을

좁히고 있습니다.

매년 미국 라스베이거스에서 열리는 세계 최대 규모의 전자쇼 '국제전자제품박람회(CES)'에서는 그해 가장 획기적인 기술들이 선보입니다. 2018년에는 단연 인공지능이 화제였습니다. 그중에서도 약 20년 만에 다시 등장한 로봇 반려견 '아이보'에 사람들은 열광했습니다. 이제 아이보는 인공지능까지 탑재해 인간의 감성도 보살펴주고 있습니다. 사람의 말을 잘 알아듣는 건 2000년 아이보도 그랬지만 이제는 애교도 부리고 쓰다듬으면 꼬리를 흔들 줄도 압니다. 약을 올리면 앙탈을 부리는 모습까지 보이니 실제 강아지와 비교해도 전혀 부족함이 없어 보입니다. 주인의 성격에 따라 아이보마다 개성이 생기는 학습 능력까지 겸비했습니다.

아이보의 발전은 단순 반려견 로봇의 등장 이상의 의미를 가지고 있습니다. 사람의 감성을 자극할 수 있는 인공지능의 발전은 외로움을 느끼기 쉬운 현대인에게 많은 도움을 줄 것입니다.

2018년 CES에서는 도우미 로봇도 많은 인기를 끌었습니다. 특히 집안 일상을 돕는 가정용 로봇이 다수 선보였는데 이는 '1가족 1로봇' 시대의 도래가 임박했음을 예상할 수 있게 했습니다. 중국 YYD 로보는 집안일은 물론이고 주인의 건강까지 챙겨주는 건강관리 로봇을 공개했습니다. 주인의 평상시 심전도 심박수와 산소포화도 등을 정기적으로 측정하면서 상태에 따른 질병을 예측하고 위험 신호를 감지하면 병원 방문을 권유하는 등의 기능을 가지고 있습니다.

가장 많은 시선을 끈 회사는 바로 미국 로봇업체 아이올로스로

미래의 가사도우미 로봇 상상도

보틱스였습니다. 전시장에서 시연을 펼친 이 회사의 도우미 로봇은 스스로 가사를 척척 해결했습니다. 바닥 청소는 기본이며 가구를 옮길 수도 있습니다. 냉장고에서 음식과 음료수를 꺼내다 줄 수도 있고 TV 리모컨도 찾아서 가져다줍니다. 이 로봇이 기대되는 이유는 기계 학습으로 인해 점점 더 할 수 있는 일이 많아질 것이기 때문입니다.

실제로 2020년 현재 이 회사의 홈페이지[6]에 들어가 보면 한층 업그레이드된 로봇을 확인할 수 있습니다. '아이올로스 라스(Aeolus Raas)'라는 이름의 이 로봇은 노인 돌보기 기능부터 공항, 식당, 캠퍼스, 주차장 순찰 및 경비까지 다양한 일을 할 수 있

6)

Raas(Robot as a service)

습니다. 이런 일을 할 수 있는 이유는 역시 인공지능인데요. 이 업체는 딥러닝과 내비게이션 등의 기술 덕분에 일상생활의 모든 세부 사항을 지속적으로 학습하고 사람들에게 서비스를 제공하는 방법을 스스로 개선해나가고 있다고 이야기합니다. 라스는 2018년에도 이미 주인의 얼굴을 기억하고 물체를 구분할 수 있는 능력을 가지고 있었습니다. 2년이 지난 지금 얼마나 더 많은 일을 할 수 있을지 기대됩니다.

지난해에 발표된 인공지능 로봇 중에는 UC버클리 로봇학습연구소가 만든 '프로젝트 블루(Project Blue)'가 있습니다. 이 로봇은 학습 가능한 인공지능이 탑재된 두 팔을 가진 가사 도우미입니다. 7축 자유도를 가지고 2kg 정도의 무게까지 들어 올릴 수 있는 이 로봇 팔은 인공지능의 성능을 테스트하기 위해 개발됐습니다.

블루는 청소와 설거지, 냉장고 정리 등의 가사를 할 수 있으며 향후 더 많은 일을 할 수 있도록 인공지능으로 공부 중입니다. 가격은 5천 달러 정도로 아주 저렴하지는 않지만 그렇다고 전혀 엄두를 못 낼 정도는 아닙니다. 2020년 중에 판매 예정이라고 하니 시중에서 어떤 반응을 불러일으킬지 기대됩니다.

이제 인공지능 도우미라고 하면 스마트폰이나 스피커 안에 들어 있는 애플 시리 또는 아마존 알렉사 정도의 서비스로는 부족한 느낌이 들 정도입니다. 인간과 대화가 가능한 인공지능이 발달하면서 헬스케어 산업에도 인공지능이 도전하고 있습니다.

 미국 샌프란시스코에 본사를 둔 디지털 헬스케어 기업 '카탈리아 헬스(Catalia Health)'는 가정용 로봇, '마부(Mabu)'를 출시했습니다. 커다란 모니터를 안고 있는 아이 같이 생긴 이 기기는 환자와 대화를 나누고 질문에 답하는 등의 행동을 하며 약물 복용 시점도 알려줍니다. 이런 행동 중에 수집한 의료 데이터를 주치의에게 전달하고 적절한 조치를 할 수 있도록 도와주는 역할도 함께 합니다. 앞으로 이런 소셜 인공지능들이 헬스케어 분야에서 인간을 위해 할 일이 더욱 많아질 것으로 보이며 정부도 관련 규제 완화 등 토양을 쌓기 위

카탈리아 헬스가 선보인 가정용 로봇 '마부'

한 노력을 기울이고 있습니다.

우리나라도 행정안전부에서 2020년 '첨단 정보기술 활용 공공서비스 촉진 사업' 대상으로 목소리를 인식해 민원서류 절차를 도와주는 인공지능 도우미와 수화를 인식해 민원안내를 해주는 '스마트 거울' 서비스를 개발한다고 밝혔습니다.

근래 개발된 인공지능의 가장 큰 장점은 학습이 가능하다는 점입니다. 주인과 함께 놀며 주인이 좋아하는 행동을 알아가는 인공지능 강아지나 집 안에서 가장 자주 청소해야 하는 곳을 파악하고 적정한 청소 시간을 분배하는 현재의 인공지능의 기능을 넘어 인간이 생각하지 못한 곳까지 도움을 주는 인공지능의 탄생을 기대해 봅니다.

인공지능 위인도감

초기 신경망 이론을 정립한
헤브와 로젠블랫

1949년 캐나다의 도널드 올딩 헤브 Dolnald Olding Hebb는 "인간학습은 뇌세포의 연결강화를 의미한다."라는 학습이론을 발표합니다. 단기기억과 장기기억의 핵심 차이에 대한 가설을 제시한 것입니다.

도널드 올딩 헤브

장기기억은 뉴런들이 서로 연결하면서 물리적 변화가 발생하지만 단기기억은 다르다는 주장이었습니다. 이 신경망 모델은 뇌 안의 물리적 변화를 통해 기억이라는 애매한 영역을 생물학적으로 증명할 수 있다는 가능성을 열었습니다. 그리고 많은 인공지능 연구의 바탕이 됐습니다.

헤브는 1904년 7월 22일 캐나다의 노바스코샤주 체스터에서 태어납니다. 초등학교를 다닐 때 성적이 너무 좋아 10살 때 7학년으로 월반을 할 정도였지만 적응에 문제가 생겨 결국 16살이 돼서야 핼리팩스(Halifax)군 아카데미에서 12학년으로 졸업할 수 있었습니다.

처음부터 그가 심리학자가 되고자 했던 것은 아닙니다. 오히려 소설가가 꿈인 문학소년이었습니다. 댈하우지(Dalhousie) 대학에서 1925년 문학 학사 학위를 받고 졸업했을 정도입니다. 이후 헤브는 체스터에 돌아가 모교에서 아이들을 가르치는 등 교육에 상당히 애정을 쏟는 모습을 보입니다.

헤브는 1928년, 맥길(McGill) 대학원 입학과 동시에 몬트리올 교외에 있는 한 학교의 교장으로 임명됩니다. 1932년에는 맥길 대학에서 심리학자 보리스 밥킨Boris Babkin의 지도를 받아 심리학 석사 학위를 받게 됩니다.

일과 학업 두 가지를 열심히 하던 헤브에게 1934년 큰 아픔이 닥칩니다. 바로 그의 아내가 불의의 교통사고로 29세의 젊은 나이에 세상을 떠난 겁니다. 안 좋은 일은 한꺼번에 닥친다고 교장을 맡은 몬트리올 학교 운영에도 개신교 학교들과의 교육 철학 차이로 인해 어려움을 겪고 있었고 맥길 대학 역시 헤브에게 더 이상 흥미로운 연구 주제를 안겨주지 못했습니다.

결국 헤브는 몬트리올을 떠나 예일 대학으로 가려고 했지만 여러 우여곡절 끝에 1934년 시카고 대학의 칼 래슐리Karl Lashley의 사사를 받게 됩니다.

1935년 래슐리가 하버드로 자리를 옮기면서 헤브도 함께 학교를 옮깁니다. 여기서 어두운 곳에서 키운 쥐와 밝은 곳에서 키운 쥐의 뇌를 비교한 논문으로 박사 학위를 받습니다.

헤브는 이후 몬트리올 신경학 연구소, 퀸즈 대학, 여키스(Yerkes) 국립 영장류 센터, 맥길 대학 등에서 근무합니다. 이후 1972년 은퇴할 때까지 맥길에 남아 많은 후학을 양성했습니다. 1980년에는 자신의 첫 수학지인 댈하우지 대학에 심리학 명예 교수로 돌아오게 됩니다. 당시 그는 미국 심리학협회 회원이자 왕립학회의 회원이었습니다. 캐나다 심리학회는 캐나다의 저명한 심리학자들에게 수여하는 상으로 헤브상을 만들어 그의 업적을 기리고 있습니다.

프랭크 로젠블랫Frank Rosenblatt은 맥클럭과 피츠의 뇌신경 모델과 헤브의 학습 이론을 바탕으로 퍼셉트론 (Perceptron)을 만들어 낸 인물입니다. 퍼셉트론은 인공신경망의 한 종류로 주어진 사진에서 남자와 여자를 식별해 내는 일을 맡았습니다. 현재 기계학습 알고리즘의 조상이라 할 수 있겠습니다.

프랭크 로젠블랫

심리학자였지만 기계학습의 초창기에 많은 일을 한 인물로 퍼셉트론 구현을 위해 자신이 직접 장치를 만들 정도로 공학에 능했습니다. 가중치는 밝기를 조절하는 전등 스위치를 만들 때 사용하는 것과 같은 가변저항기로 만들었고, 학습과 관련한 가중치 조절은 저항기의 손잡이를 돌리는 전기 모터로 처리했습니다. 퍼셉트론은 입력들의 가중치 합이 한계값을 넘으면 1을 출력하고, 넘지 않으면 0을 출력합니다. 맥클럭과 피츠의 뇌신경 모델에 영향을 받았다는 것이 확실하죠.

1928년 7월 11일 미국 뉴욕주에서 태어난 로젠블랫은 브롱크스 고등학교를 졸업합니다. 이 학교는 인공지능 분야의 큰 별인 마빈 민스키 교수도 다녔는데 로젠블랫은 그의 1년 후배입니다. 1956년 코넬 대학에서 박사 학위를 취득한 그는 뉴욕 버펄로에 있는 코넬 항공 연구소에서 근무하게 됩니다. 여기서 그는 연구 심리학자, 선임 심리학자, 인지 시스템 분야 책임자 등 다양한 직책을 맡게 됩니다. 퍼셉트론은 이곳에서 탄생했습니다.

로젠블랫은 여러 분야에 대해 관심을 가지고 있는 것으로 유명합니다. 앞에서 이야기한 다양한 직책과 관련된 연구 외에 신경 생물학, 행동학 쪽에도 부교수로 합류할 정도로 뛰어났습니다.

천문학에도 지대한 관심을 보였는데 위성의 존재를 탐지하기 위해 새로운 기술을 고안할 정도였습니다. 자기 집 뒤 언덕 꼭대기에 전망대를 세우고 위성에 대한 집중 연구를 진행했습니다. 심지어는 정치에도 두각을 나타냈습니다. 1968년 뉴햄프셔와 캘리포니아에서 대통령 후보 경선에 나서기도 했고 베트남 파병 반대 시위에도 앞장서는 등 자신의 신념을 위해 노력했습니다.

로젠블랫은 1971년 보트 사고로 사망했습니다. 전기전자공학자협회 (Institute of Electrical and Electronics Engineers, IEEE)는 프랭크 로젠블랫상을 제정해 그의 업적을 기리고 있습니다.

로젠블랫의 사망 이후 마빈 민스키가 퍼셉트론의 한계를 수학적으로 증명하면서 인공지능 연구는 첫 번째 겨울을 맞이하게 됩니다. 인공지능에 필요한 지원이 끊기고 연구결과를 발표할 학술지를 찾는 것마저 어려웠던 시기가 이때입니다.

 **콕콕 찝어 생각 정리하기**

로봇이 창작한 작품, 저작권은 누구에게 있을까

가 최근 인공지능이 발표한 그림을 보면 렘브란트, 고흐 등 기존 화가들의 화풍이 곧바로 떠오르는 경우가 많다. 음악의 경우 역시 비틀즈 등 유명한 뮤지션들의 느낌을 그대로 살리고 있다. 그렇다면 이러한 작품들은 표절일까? 모방일까?

나 인공지능이 만든 음악으로 음반을 제작하면 수익은 누가 가져가야 할까? 인공지능을 만든 제작자일까? 인공지능의 딥러닝에게 데이터를 제공한 음악가들일까? 아니면 또 다른 사람일까?

다 인공지능이 창작으로 수익을 낸다면 그 수익은 누가 관리해야 할까? 인공지능에게 자신의 창작물에 대한 수익을 관리할 권리를 부여할 수 있을까? 만약 인공지능 제작자가 인공지능을 이용해 수익을 낸다면 인공지능은 악기나 붓과 같은 도구로 볼 수 있을까?

라 인공지능의 제작물이 늘어나면 창작의 정의와 범위를 재설정할 필요가 있을지 함께 고민해 보자.

마 창작 분야는 인간의 고유 영역이라고 말하는 전문가들이 많다. 그럼에도 수많은 인공지능 개발자들은 창작 영역에 인공지능을 들여놓으려고 노력한다. 인공지능이 창작까지 진출하는 것이 옳은 일인지 아닌지 생각해보자.

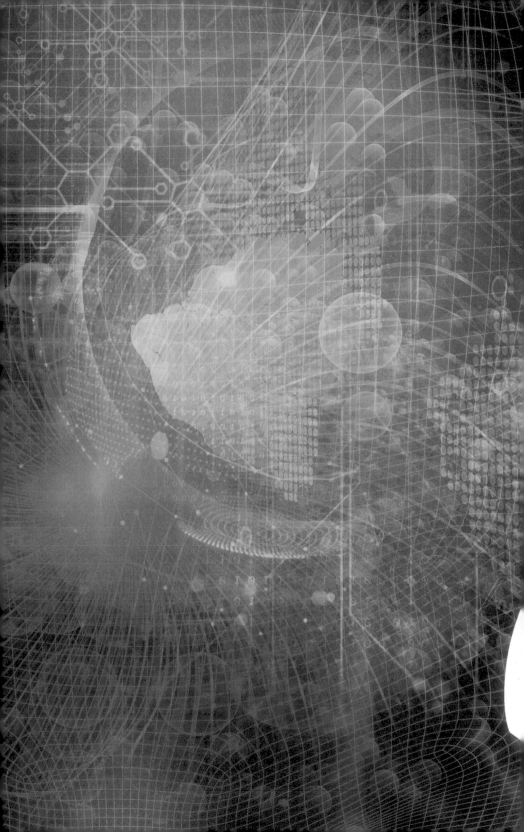

4부

인공지능과
4차 산업혁명

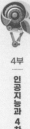

"우리는 지금까지 우리가 살아왔고 일하고 있던 삶의 방
식을 근본적으로 바꿀 기술 혁명의 직전에 와 있습니다.
이 변화의 규모와 범위, 복잡성 등은 이전에 인류가 경
험했던 것과는 전혀 다를 것입니다."

2016년 세계경제포럼(World Economic Forum, WEF)에서 클라우스 슈
밥Klaus Schwab 회장이 '4차 산업혁명'을 이야기하면서 꺼낸 말입니다.
그는 "4차 산업혁명이 우리에게 쓰나미처럼 밀려올 것이다."라며
"그것이 모든 시스템을 바꿀 것"이라고 경고했습니다. 그는 자신의
저서에서 "제4차 산업혁명은 •선형적 속도가 아닌 기하급수적인
속도로 전개 중이고 •디지털 혁명을 기반으로 다양한 기술을 융합
해 개개인뿐 아니라 경제, 기업, 사회를 유례없는 패러다임 전환으
로 유도하며 •국가 간, 기업 간, 산업 간 그리고 사회 전체 시스템

클라우스 슈밥

의 변화를 수반한다."라고 설명했습니다.

슈밥의 이야기대로라면 4차 산업혁명이 세상을 금방이라도 뒤집어 놓을 것처럼 보입니다. 실제로 2016년 WEF 이후 많은 국가와 기업들이 4차 산업혁명을 대비하기 위해 새로운 전략을 짜고 기술을 개발하는 등 발 빠르게 움직이고 있습니다. 결과적으로 성공과 실패를 거듭하며 조금씩 변화의 흐름에 발맞추고 있는 모양새입니다.

이러한 변화의 중심에는 당연한 얘기이지만 인공지능이 있습니다. 인공지능은 4차 산업혁명의 핵심 키워드인 초지능을 담당합니다. 인공지능이 어떻게 발달하는가에 따라 4차 산업혁명의 모습도 조금씩 변할 수밖에 없는 실정입니다. 도대체 왜 인공지능이 4차 산업혁명에서 중요하다고 하는 걸까요? 4차 산업혁명의 핵심 기술들 속 인공지능의 모습을 살펴보며 그 이유를 확인해 보겠습니다.

1장

자율주행차와 인공지능

 사람의 손을 빌리지 않고 운행하는 자율주행차는 인공지능의 등장 이전에도 사람들에게 꿈과 같은 기술이었습니다.

자율주행차하면 가장 먼저 생각나는 것이 80년대 인기 미국 드라마 '전격Z작전'의 '키트(K.I.T.T.)'일 것입니다. 어릴 적 손목시계에 대고 '키트' 한 번 안 불러본 3, 40대 남성분들 아마 없을 겁니다. 그리고 보니 요즘은 손목시계에 '키트' 대신 다른 이름을 부르고 있군요. 사실 키트는 자동차 이름이 아니라 폰티악 파이어버드 자동차에 들어있는 인공지능 이름이었습니다.

기억을 더듬어 보면 '키트'는 요즘 한참 주가를 올리고 있는 자율주행차의 모습을 많이 가지고 있습니다. 실제로 키트의 모습은 현재의 대화형 인공지능과 자율주행차에 대한 대중적 이미지를 형성

K.I.T.T.(Knight Industry Two Thousand)

하는 데 큰 기여를 했고 관련 기술 개발에도 많은 영향을 준 것으로 인정받고 있습니다. 물론 아직은 드라마 속 키트처럼 운전자와 농담을 주고받을 정도의 강한 인공지능을 탑재하고 있지는 못하지만 말입니다.

자율주행차에서 인공지능이 하는 역할은 무엇이 있을까요? 혹자들은 자동차에 다양한 센서를 부착해 차선이나 장애물만 잘 감지해서 피하면 자율주행이 가능하다고 생각할지 모릅니다. 어떤 광고 문구처럼 자동차는 잘 가고 잘 서기만 하면 되는 존재는 아니지만 그래도 달리고 서기가 자율주행차에 있어 가장 중요한 기능 중 하나인 것은 확실합니다. 여기에 하나 더 추가한다면 회전도 있습니다. 이를 위해서는 액셀레이터와 브레이크, 그리고 운전대를 제어해야만 합니다.

자율주행차

　최근 발매되는 자동차에는 거의 모두 탑재돼 있는 ABS 시스템이
나 크루즈 컨트롤 시스템은 이러한 제어를 인공지능으로 관리하는
종류 중 하나입니다. 이미 인공지능은 자율주행차와 상관없이 우리
가 운전하는 자동차 안에서 다양한 일을 하고 있는 것이죠. 사람이
운전할 때는 조향장치나 액셀, 브레이크 등을 도로의 각도에 맞게
적절한 속도로 조절합니다. 이런 데이터를 사람이 미리 계산해서
운전하는 경우는 없을 겁니다. 인공지능도 마찬가지로 미리 계산된
값을 가지고 조절하기보다 상황에 맞게 제어하도록 설계돼 있어야
합니다. 그러기 위해서는 이 장치들을 조절하는 인공지능은 끊임없
이 차량과 통신을 주고받아야 할 것입니다.

자동차가 가고 서고 도는 일을 자유롭게 할 수 있게 됐다면 다음에는 어떤 능력이 필요할까요? 자동차를 이용하는 가장 큰 이유가 바로 원하는 목적지까지 빠른 시간에 도착하기 위해서일 겁니다. 자율주행차의 인공지능은 내비게이션과 끊임없는 통신을 주고받으며 원하는 목적지까지 최단 시간에 도착할 수 있는 거리를 찾아야 합니다. 이 내비게이션 소프트웨어 또한 하나의 인공지능이란 사실은 말할 것도 없습니다. 사람은 눈으로 도로를 확인하며 내비게이션이 알려주는 길에 따라 운전을 하지만 자율주행차는 인공지능 스스로가 내비게이션과 자동차의 위치를 정확하게 동기화해 도로를 이탈하지 않고 주행해야 합니다.

내비게이션

- 빨리 움직일수록 시간이 느려진다.
- 빨리 움직일수록 길이가 줄어든다.
- 빨리 움직일수록 질량이 늘어난다.

상대성이론

자동차 내비게이션은 그 유명한 상대성이론에 근거한 계산 보정을 이용합니다. 내비게이션이 사용하는 GPS는 'GPS 위성'과 자동차에 탑재해 있는 'GPS 수신기'를 이용합니다. GPS 위성이 자동차에 주는 정보는 '시각'과 '위성의 위치 정보'입니다. 내비게이션은 1개의 GPS 위성에서 신호를 받지 않고 3개 이상의 서로 다른 GPS 위성에서 신호를 받습니다. 그래야 삼각측량법을 이용해 현재 위치를 확인할 수 있기 때문입니다.

그런데 이 위성들의 시계가 아주 약간이라도 어긋난다면 잘못된 측량이 생겨서 현재 위치에 심각한 오류가 발생합니다. 위성과 수신기의 거리가 워낙 멀다보니 10마이크로초(0.00001초)만 차이가 나도 내비게이션 상에서는 약 3㎞ 정도의 차이가 날 수 있습니다. 물론 위성은 정밀한 원자시계를 탑재하고 있기에 시계가 틀릴 경우는 없다고 속단할 수도 있습니다. 그런데 특수 상대성이론 효과에 의하면 초속 약 4㎞로 이동하는 GPS 위성의 시계는 지상의 시계보다 하루 120마이크로초 정도 느려집니다. 거기다 중력의 영향을 고려하면 일반 상대성이론 효과에 의해서 하루 150마이크로초 정도 빨라집니다. 결국 하루에 30마이크로초 정도 빨라지는 거죠. 앞서 계산한 수치를 적용하면 9㎞ 이상 차이가 난다는 얘기입니다. 그래서 내비게이션에서는 상대성이론에 근거한 계산 보정이 들어갑니다.

이것이 인공지능과 어떤 관계가 있는가 하면 아무리 상대성이론에 근거한 계산 보정을 집어넣는다 해도 9㎞ 이상 차이나는 오류를 정확하게 보정하는 건 불가능하기 때문입니다. 때문에 내비게이션의 이동 경로를 따라 차량이 이동하면 차선을 이탈할 가능성이 매우 큽니다. 인공지능은 내비게이션과 차량 주변의 정보를 조합하고 판단해 안전하게 목적지까지 도로를 질주해야 합니다. 그래서 사물을 인식하고 장면을 이해하는 인공지능 기술이 자율주행차에 반드시 필요한 것입니다.

자동차가 다니는 도로의 상황은 너무나 다양합니다. 바둑의 수처럼 어쩌면 무한에 가깝다고 할 수 있습니다. 인간에게는 순간순간 벌어지는 상황에 대응하는 능력이 있습니다. 또한 무의식적인 반응, 즉 무조건 반사도 가지고 있습니다. 이것은 대뇌와 관계없이 자극에 대해 무의식적으로 나타나는 반응인데 우리 몸을 보호하는 데 엄청나게 중요한 역할을 하고 있습니다. 일부 자극에 대해 대뇌까지 가지 않고 척수, 연수, 중간뇌 같은 반사 중추에서 재빨리 판단해 운동신경에 명령을 내리는 방식입니다. 이것이 없다면 갑자기 날아오는 돌을 인식하고 피해야겠다 생각하는 순간 눈에는 시커먼

멍이 들어있을 겁니다.

자동차도 마찬가지입니다. 빠르게 달리는 차에서 수많은 돌발 상황이 발생합니다. 갑자기 발생하는 돌발 상황에 대해 인공지능이 위험 여부를 계산할 시간적 여유가 많지 않습니다. 그렇다고 모든 돌발 상황을 곧바로 다 피하도록 프로그램하는 것도 현실과 동떨어진 방법입니다. 주행 중 발생하는 문제를 해결하는 인공지능을 개발했다 치더라도 이 프로그램을 어디에 탑재할 것인가가 또 다른 문제로 대두됩니다. 자동차마다 알파고를 한 대씩 싣고 다닐 수는 없는 노릇입니다. 그렇다면 어딘가에 데이터 센터의 대용량 서버를 놓고 통신을 통해 인공지능을 이용해야할 터인데 데이터 센터와 차량 간의 데이터 이동 속도도 고속 운전 중에는 큰 문제를 야기할 수 있습니다.

차량 앞에 있는 장애물이 달리는 차량인지, 주차되어있는 차량인지, 걷고 있는 사람인지, 자전거인지 구분하는 것도 상당히 중요합니다. 각각 대처해야 하는 방식이 다르기 때문입니다. 국내에는 차량 간격을 자동으로 인식해 속도를 조절하는 스마트 크루즈 컨트롤 시스템이 장착한 자동차가 많이 시판되어 있습니다. 하지만 최근에도 이 장치가 주차되어 있는 차량을 감지하지 못해 사고를 낸 사례가 있습니다. 물론 현재는 이런 사고가 났을때는 100% 운전자 책임입니다. 어디까지나 운전자의 판단을 돕는 보조장치로 통용되기 때문이죠.

아직은 자율주행차를 위한 인공지능은 더 많은 학습이 필요할 것

자율주행정의

단계	구분	내용
0단계	비자동화	자율주행 기능이 없는 일반 자동차
1단계	운전자 지원 기능	자동 브레이크, 자동 속도 조절 등 운전 보조
2단계	부분적 자율주행	운전자가 운전하는 상태에서 2가지 이상의 자동화 기능이 동시에 작동. 부분 자율주행 운전자 상시 감독 필요
3단계	조건부 자율주행	자동차 내 인공지능에 의한 제한적인 자율주행이 가능하나 특정 상황에 따라 운전자의 개입이 반드시 필요함
4단계	고급 자율주행	시내 주행을 포함한 도로 환경에서 주행시 운전자 개입이나 모니터링이 필요하지 않는 상태
5단계	완전 자동화	모든 환경하에서 운전자의 개입이 필요하지 않음

2020년부터 3~4단계 정도 시행 가능 예상   SAE(Society of Automotive Engineers)

으로 여겨집니다. 그 외에도 자율주행차가 도로에 다니기 위해 해결해야 할 문제는 산더미처럼 많습니다. 미국 자동차공학회에 따르면 자율주행 기술은 레벨 0부터 5까지 6단계로 분류할 수 있습니다. 운전자가 전혀 개입하지 않는 완전 자율주행차는 레벨 5에 해당합니다. 현재 시중에 판매하고 있는 최신 자동차의 자율주행 수준은 레벨 3 수준입니다. 아직까지는 반(半) 자율주행차라고 불리고 있는 실정입니다.

2장

사물인터넷과 인공지능

"집에서 차 시동 거는 거?
아니면 차에서 집 에어컨 끄는 거?"

모 통신회사의 광고 멘트입니다. 이러한 광고 속 모습이 일상이
되는 시대가 왔습니다. 그 원동력은 무엇일까요? 당연하지만 바로
인터넷과 인공지능입니다. 인터넷은 우리가 알고 싶은 정보를 지구
촌 곳곳을 뒤져 알려주고 세계 어디에 있든지 연결해서 소통할 수
있도록 도와주는 고마운 존재로 성장했습니다. 인터넷은 PC나 스
마트폰을 이용해 사람과 사람을 연결해 주는 소통의 도로라고 할
수 있죠. 어린 시절 가지고 놀던 실 전화기의 실과 같은 존재로 볼
수 있습니다. 여기에 인공지능이라는 새로운 아이템이 더해지면서
사물인터넷이 우리집 집사 역할을 할 수 있게 됐습니다.

'IoT(Internet of Things)'는 인터넷을 사람과 사람 간 연결에서 사물까지 확대한 기술로 '사물인터넷'이라고 번역합니다. 즉, 사람과 기계, 기계와 기계가 인터넷이라는 실을 통해 소통할 수 있도록 하는 기술입니다. IoT의 개념은 어떻게 생겨났을까요? 이 말은 인공지능에 비해 한참 뒤에 태어났습니다. '유비쿼터스 컴퓨팅(Ubiquitous computing)'이라는 단어를 들어보신 경험이 있으신지요? 유비쿼터스 컴퓨팅이야말로 IoT의 시작이라고 할 수 있습니다. 이 개념은 1988년 미국의 사무용 복사기 제조회사 제록스의 마크 와이저Mark Weiser가 처음 고안한 것으로 알려졌습니다. 언제 어디서나 컴퓨팅을 할 수 있다는 개념으로 여겨집니다. 지금 생각하면 웨어러블 기기나

사물인터넷

스마트폰을 생각할 수 있을 것 같습니다.

유비쿼터스 컴퓨팅 개념의 뒤를 이어서 IoT라는 단어가 처음 나온 시기는 1999년입니다. MIT의 오토아이디센터(Auto-ID Center) 소장 케빈 애슈턴Kevin Ashton이 처음 꺼낸 것으로 전해집니다. 애슈턴은 RFID(Radio frequency identification, 무선인식)와 기타 센서를 사물에 탑재한 사물인터넷이 구축된 세상이 올 것이라고 예상했습니다. 그는 "모든 사물에 컴퓨터가 들어있어 인간 도움 없이 스스로 알고 판단한다면 고장 · 교체 · 유통기한 등을 고민하지 않아도 될 것"이라면서 "이 같은 사물인터넷은 인터넷의 업적 이상으로 세상을 바꿀 것이다."라고 말했습니다. 그러니까 모든 사물에 인공지능을 심을 수 있다고 예상한 겁니다. 그리고 그 예상은 20년이 지나기 전에 현실로 나타나고 있습니다.

케빈 애슈턴

4차 산업혁명에서 IoT가 다시금 주목받는 이유 역시 이 기술의 핵심에 인공지능을 포함하기 때문입니다. 이제 IoT 기술은 사람과 사물의 소통에서 사물과 사물 간의 소통까지 발전했습니다. 사람의 손을 거치지 않고 사물끼리 대화를 하기 위해서는 인공지능이 필수입니다.

한 가지 예를 들어보겠습니다.

가까운 미래 8월 어느 날, 친구들과 신나게 축구 한 시합을 하고 집으로 돌아가는 김자유씨를 따라가 보겠습니다.

자유 씨의 결혼반지는 다이아몬드가 박힌 스마트링입니다. 이 반지는 자유씨의 체온과 심박수, 혈압, 혈당은 물론 바이오리듬까지 자동으로 점검합니다. 부모님께서 고혈압과 당뇨로 고생을 하셨던 차라 자유씨 역시 상시 건강에 대해 신경을 쓰고 있습니다. 자유씨의 건강에 이상이 생기면 결혼반지는 자동으로 스마트폰을 이용해 자유씨의 주치의에게 관련 정보를 전송합니다. 지난번 조기 축구에서 계속 골을 빼앗기자 흥분한 자유씨의 혈압이 급하게 올라가 주치의가 황급히 전화를 걸어 흥분을 가라앉히도록 조언하기도 했습니다.

오늘은 경기에서 승리해 한껏 고무된 자유씨의 자동차가 주차장에 들어섭니다. 그러자 집 안의 에어컨이 현재 자유씨의 체온과 컨디션에 가장 알맞게 온도를 맞추고 작동을 시작합니다. 현재 땀 등 오염 수치가 높아 곧바로 목욕을 할 것으로 예상되는바 보일러가 적정 온도로 물을 덥히고 욕조는 자동으로 목욕에 알맞은 양의 물을 받습니다. 거실의 오디오는 자유씨의 바이오리듬을 파악해 기분에 맞는 음악을 선곡해서 현관의 문이 열림과 동시에 재생을 시작합니다.

오늘의 첫 곡은 Queen의 We are the champion이군요.

이러한 상황을 실현하기 위해서는 반드시 인공지능의 도움이 필요합니다. 집안의 어딘가에는 모든 사물의 지휘소 역할을 하는 인공지능 컴퓨터가 인터넷에 연결돼 있어야 합니다. 이 인공지능은 자유씨가 차고 있는 결혼반지에서 신체정보를 받아 가장 알맞은 에어컨과 온수의 온도를 계산합니다. 그리고 다시 인터넷을 통해 에어컨과 보일러, 욕조에 자동으로 명령을 내려야 합니다. 오디오의 전원을 켜고 음원 제공 사이트에 접속해 적합한 음악을 받아 플레이하는 것도 인공지능의 지시를 따라야 합니다. 즉 집안의 모든 사물은 인터넷을 통해 인공지능과 연결하고 명령을 받아 실행하는 겁니다. 인공지능은 자유씨와 오래 지내면 지낼수록 더 적절한 서비스를 제공할 수 있게 됩니다. 자유씨에 대한 데이터가 축적할수록 학습할 수 있는 내용이 더 많아지기 때문입니다.

집안의 지휘소 역할을 위해서는 일단 24시간 전원이 켜져 있어야 하고 상시 인터넷에 연결돼 있어야 하는 것이 기본이기에 다수의 IT 기업들은 이 역할에 가장 적합한 가전제품으로 냉장고를 꼽고 있습니다. 앞으로 가장 똑똑한 가전제품은 냉장고가 될 가능성이 큽니다. 조만간 냉장고가 직접 자기 안에 있는 식재료 재고 현황을 파악하고 가족의 한 주 식사량을 계산해 마트에 주문하는 날이 올 것입니다. 물론 식구들의 건강 상태나 좋아하는 음식을 기준으로 해서 말입니다.

그렇다면 현재 IoT 기술의 수준은 어디까지 왔을까요? 생각보다 우리 주변 가까이에 많은 IoT 기술이 활용되고 있습니다. 애플워치

가 아이폰과 연결되는 것도 일종의 IoT라고 할 수 있습니다. 스마트폰으로 조명의 밝기와 색상을 조절하는 제품도 이제는 마트에서 쉽게 구할 수 있고, IT 업체와 통신사들이 경쟁적으로 출시하고 있는 인공지능 스피커도 대표적인 IoT 제품입니다.

가정용 IoT가 탑재된 TV를 쉬이 접할 수 있기에 IoT는 가족 서비스를 위주로 발전했으리라고 생각할 수 있습니다. 하지만 IoT는 가정이나 개인만 사용하는 것이 아니라 온갖 사물에 적용 가능하기 때문에 정부 차원의 서비스에도 다양하게 적용 중입니다.

스페인 바르셀로나에서는 인구 밀집도를 실시간으로 파악해 유동인구수에 따라 가로등 조명 밝기를 조절하는 프로젝트를 추진해 연 30% 이상 전력소비를 절약했습니다. 미국 로스앤젤레스는 4,500개의 신호등을 통합해 데이터를 통제하면서 평균 속도를 16%까지 높였다고 밝혔습니다. 중앙컴퓨터시스템이 교차로에 설치한 센서와 카메라로 전달받은 실시간 정보를 분석해 교통을 통제하는 방식입니다. 국내에서도 IoT 활용 사례는 어렵지 않게 찾아볼 수 있습니다. 유명한 사례 중 하나가 바로 음식물 쓰레기 배출 시스템입니다. 장치가 설치된 통에 쓰레기를 버리면 쓰레기통은 누가 얼마만큼의 음식물 쓰레기를 버렸는지 한국환경공단의 중앙시스템으로 전송합니다. 지자체와 관리사무소는 매월 중앙시스템을 활용해 배출비용을 세대별 관리비에 포함해 청구하고 있습니다. 이제는 필수가 돼 버린 고속도로의 하이패스도 대표적인 IoT 적용사례로 꼽을 수 있습니다.

세계 주요국과 기업들은 IoT 시장 선점을 위해 핵심·원천기술 개발 및 서비스 활성화에 적극적인 움직임을 보여주고 있습니다. IoT는 말 그대로 사물에 인터넷을 연결해 소통을 시키는 기술이

바르셀로나 야경

기 때문에 어떤 사물에나 다 적용이 가능한 것이 가장 큰 장점입니다. 그야말로 무궁무진한 시장규모를 가질 수 있습니다. 미래창조과학부는 2013년 2.2조 원이었던 국내 IoT의 시장규모가 2020년에는 22.8조 원까지 늘어날 것으로 전망했습니다. 세계 시장의 경우 9,345조 원까지 성장하리라 예상했습니다.

시장규모가 크다는 것은 그만큼 활용범위가 넓다는 것을 의미합니다. 앞으로 사람이 사용하는 모든 사물에는 인터넷과 인공지능이 연결된다고 생각해도 무방합니다. 1999년 케빈 애슈턴이 예상한 시대가 드디어 눈앞까지 온 겁니다. 4차 산업혁명이라는 단어와 함께 IoT라는 개념도 다소 생소할 수 있지만, 사실 이미 오래전부터 우리 주변에 있던 친구 같은 존재라는 걸 잊지 마십시오. 말 그대로 IoT를 인류의 친구처럼 생각해야 합니다.

빅데이터와 인공지능

　　　　　　　　　　　　　　　　　　4차 산업혁명 시대를 이끄는 대표
적인 기술 중 하나가 바로 데이터입니다. 스마트 헬스케어는 물론
IoT, 인공지능 같은 핵심 기술들도 그동안 사람들이 쌓아온 데이터
의 발판 위에서 성장하고 있습니다. 이들 모든 것은 축적된 데이터
가 받쳐주지 않으면 무용지물입니다. 우리나라 인공지능 스피커가
영어권 제품들에 비해 발전 속도가 늦은 이유도 영어보다 한국어를
쓰는 사람의 수가 적기 때문이라는 주장이 가장 타당해 보입니다.

　2017년 IBM이 발표한 자료에 따르면 스마트폰 · 소셜미디어 · 이
메일 등 스마트 기기와 인터넷 서비스의 범람으로 하루에 생산되는
데이터의 양은 무려 250경 바이트에 달합니다. 너무 큰 숫자라 감
이 잘 잡히지 않습니다. 600MB 크기 영화 39억 편 분량이라고 하
는데 그래도 실감하기 힘든 큰 숫자입니다. 데이터에는 우리가 전

송하는 텍스트, 사진, 동영상을 비롯해 IoT의 발전으로 생기는 각종 센서 측정 데이터와 사물 간의 통신 내역 등 모든 것이 포함되고 있습니다. 필자가 이 글을 쓰고 있는 동안이나 독자가 이 책을 읽고 있는 순간에도 자신이 생산하는 데이터의 일부가 어느 곳인가로 흘러가고 있다고 생각해도 무방할 것입니다.

여러분은 인터넷을 사용하면서 이번 휴가 때 가고자 했던 휴가지의 호텔, 항공편 등의 광고가 자동으로 노출되거나 어젯밤 맛있게 먹었던 술안주로 유명한 가게의 추천 글이 눈에 띄는 경험을 해봤을 겁니다. 이렇게 인터넷 기업들은 이미 내가 사용하는 수많은 인터넷 정보를 조합해서 내가 있는 곳, 원하는 것 등을 모두 예측해낼 수 있습니다. 혹시라도 다른 사람 노트북 화면에 재활치료 전문 병원 광고가 뜬다면 그 분 몸의 어딘가 고장이 나 있을 가능성이 크다는 이야기입니다. 이러한 서비스는 모두 빅데이터를 분석하는 기술 덕분에 가능합니다.

현재 빅데이터 영역에서 가장 앞선 기업은 구글입니다. 구글이 가지고 있는 빅데이터의 양과 활용영역은 '구글신(神)은 모든 것을 알고 있다.'라는 말로 잘 대변되고 있습니다. 실제로 구글이 가지고 있는 데이터량은 어마어마합니다. 구글의 빅데이터를 이용하면 선거 결과도 미리 예측 가능합니다. 더 많이 검색에 노출된 후보 쪽이 당선 확률이 높다는 의미로 판단할 수 있습니다. 물론 안 좋은 의미로 화제가 되었다든지 하는 여러 가지 세부 검색 항목이 있을 수는 있지만, 검색 결과가 각 언론사나 여론조사 기관의 예상보다 정확하다는 것이 다수 전문가들의 평가입니다.

많은 사람을 놀라게 했던 지난 2016년 미국 대선 결과가 그 사실을 증명합니다. 당시 언론과 여론조사 기관 대부분은 힐러리 클린턴 후보의 우세를 점쳤습니다. 하지만 구글 트렌드 홈페이지를 참고하면 미국 대선이 치러지기 전 3개월 동안 '도널드 트럼프' 검색 횟수는 '힐러리 클린턴' 검색 횟수보다 평균적으로 많았다는 것을 알 수 있습니다. 이러한 내용은 데이터가 많을수록 정확도가 높아집니다. 대통령 선거보다 지역구의원 선거 결과 예측이 더 어려운 이유입니다.

우리나라 선거에도 구글을 적극 활용할 가능성이 큽니다. 이제는 정치권에서도 여론조사나 출구조사보다 구글 데이터를 더 믿는 분위기입니다. 정치뿐만이 아닙니다. 구글 트렌드를 잘 분석하면

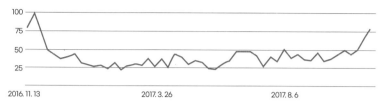

김치냉장고 검색 현황

최근 인기 있는 브랜드나 제품에 대한 분석도 가능합니다. 예를 들어 1년간 김치냉장고 검색 현황을 구글 트렌드를 통해 분석하면 언제 김치냉장고가 가장 많이 팔릴지 미리 알 수 있다는 겁니다. 기간을 늘리거나 검색어를 추가할 경우 좀 더 정확한 내용을 예측할 수 있습니다. 이러한 데이터는 제품 생산 및 유통에 활용해 많은 도움을 받을 수 있습니다.

빅데이터를 이용한 인공지능의 대표적인 예시가 바로 IBM이 만든 인공지능 왓슨입니다. 앞에서도 이야기했지만 왓슨은 처음 주목받았던 것에 비해 현재는 활용도가 극도로 낮아졌습니다.

왓슨의 정확도가 떨어지는 이유는 인공지능 프로그램의 문제라기보다 데이터가 적기 때문입니다. 백정흠 길병원 외과 교수는 언론과의 인터뷰에서 "IBM의 왓슨은 미국 병원 등 서구 데이터를 기반으로 하고 있어 한국 의료 현장에 맞는 현지화가 필요하다."라고 설명했습니다. 게다가 코로나19 감염병 사태 때 확인된 것처럼 해외는 우리나라처럼 의료 체계가 발달한 곳이 많지 않아 필요한 의료 정보를 모으기 쉽지 않습니다. 전문가들은 오히려 인구는 적지만 대부분의 근로자가 정기적인 건강검진을 받고 의료보험 덕분에 조금만 몸에 이상이 생겨도 병원부터 찾는 우리나라가 의료 인공지능 쪽에 두각을 나타낼 수 있다고 입을 모읍니다. 다만 아직까지 개인정보 등의 이유로 인해 의료 정보 데이터를 공유하거나 산업에 사용할 수 없는 것이 스마트헬스 등 인공지능을 이용한 국내 의료 서비스의 발전을 더디게 하는 이유입니다.

빅데이터를 사용하려는 산업은 점점 늘어나고 있습니다. 데이터 속에는 사용자들이 원하는 것, 이용하는 방법, 위치 등의 모든 정보가 담겨있습니다. 인공지능이 빅데이터 분석해 고객과 시장의 흐름을 예측하면 불필요한 재고와 유통을 통한 비용의 낭비도 막을 수 있고 국가 경제 발전에도 큰 도움이 될 수 있습니다. 그리고 빅데이터를 이용하는 기업과 그렇지 못한 기업의 차이는 점차 벌어질 겁니다. 4차 산업혁명 시대의 빈부격차는 데이터량에 따라 결정된다고 봐도 과언이 아닐 겁니다.

4장

블록체인과 인공지능

　　　　　　　　　　　블록체인이라고 하면 비트코인을
떠올리는 사람들이 많을 것입니다. 한동안 국내에서는 비트코인이
새로운 투자 종목이 된 것처럼 많은 사람들의 거래 목록 1순위로
오르기도 했습니다. 지금도 국내외 비트코인 거래소는 활발하게 운

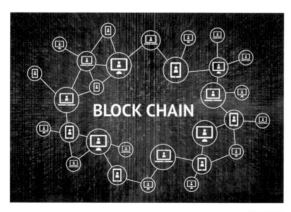

블록체인

비트코인

영되고 있습니다. 암호화폐의 한 종류인 비트코인은 정부나 중앙은
행, 금융기관 등의 관리를 받지 않고 개인끼리 안전한 거래가 가능
한 것이 가장 큰 특징입니다. 거기다 최대 발행량이 한정되어 있어
인플레이션이나 디플레이션을 걱정할 필요도 없다는 것이 매력이
었습니다.

　2008년 비트코인을 개발한 사토시 나카모토(Satoshi Nakamoto: 이는
가명으로 정체는 밝혀진 바 없습니다.)는 "우리는 전자 화폐를 디지털 서명
의 체인으로 정의한다."라며 "코인 소유자는 거래 내역에 디지털
서명을 한 후 다음 사람에게 전달하고, 이를 받은 사람은 자신의 공
개 키를 코인 맨 뒤에 붙인다. 돈을 받은 사람은 앞사람이 유효한
소유자였다는 것을 확인할 수 있다."라고 설명했습니다.

　비트코인의 이러한 특성이 바로 블록체인의 특성입니다. 블록체
인의 가장 큰 장점은 데이터의 신뢰성을 확보하는 기술이라는 점입

니다. 네트워크 안의 참여자가 공동으로 정보와 가치의 이동을 기록·검증·실행합니다. 은행, 카드사와 같은 중개자가 없더라도 신뢰가 확보된다는 뜻입니다. 내가 돈을 보내면 나도 서명을 적고 상대방도 적고 제삼자도 적는 방식입니다. 이렇게 일정 주기로 데이터가 담긴 블록을 생성해 이전 블록들에 체인처럼 연결하는 구조입니다.

쉽게 이야기하면 예전에는 내가 잘 알지 못하는 누군가에게 돈을 빌리기 위해서는 은행을 통하는 것이 가장 안전했습니다. 다만 상대방에서 주는 이자와 더불어 은행에 지불해야 하는 수수료가 발생합니다. 또한 돈이 은행에만 몰리다보니 여러 문제가 일어날 수 있습니다. 리먼 브라더스 사태가 대표적인 사례입니다.

하지만 블록체인을 이용하면 '거래기록'이 나와 상대방뿐에게만 아니라 공개적으로도 저장됩니다. 그것도 분산된 데이터베이스에 저장해 안전하고 투명하게 증명해 줍니다. 블록체인의 기록을 받으

기존 거래 방식

은행이 모든 장부를 관리하는 통일된 거래 내역

블록 체인 방식

분산화된 장부 통해 투명한 거래 내역 유지

블록체인 개념도

면 블록체인 P2P(peer-to-peer network)의 일원인 노드(nod)가 됩니다. 여기서 말하는 분산은 단지 몇 개의 노드가 아닌 전 세계에 퍼진 엄청난 수의 노드가 암호화해서 보관하는 것을 뜻합니다. 말 그대로 공공거래장부입니다. 개인이나 기관이 임의로 장부를 조작할 수 없게 됩니다.

블록체인 기술은 1세대 기능인 '단순한 지급수단'에 대한 검증을 마치고 다양한 거래·계약에 적용되며 활용범위를 넓혀가는 중입니다. 이를 2세대라고 하며 2015년부터 시작되어 지금까지 이어지고 있습니다. 여기에 스마트 계약을 추가한 블록체인(이더리움)과 기업의 특정 업무 목적에 활용할 수 있는 프라이빗 블록체인도 나왔습니다. 앞으로 더욱 성능이 개선된 3세대가 등장한다면 우리에게 익숙한 은행, 공공기관 같은 중앙집중 방식을 대체해 공공서비스, 계약, 증명 등 신뢰가 필요한 여러 분야에 활용될 것으로 보입니다.

블록체인을 활성화하면 중개자가 없어져 거래비용을 절감할 수 있는 것은 물론이고 데이터 위변조가 힘들기 때문에 안전한 데이터 활용이 가능해집니다. 인간의 유전체나 (현재는 보호규정으로 인해 불법으로 여겨지는) 다양한 헬스 데이터의 공유도 가능해집니다. 인공지능의 개발도 지금보다 더 활발해질 것입니다. 궁극적으로는 P2P가 인간을 넘어 사물끼리 연결되며 실시간으로 자율적 협업을 하게 될 것입니다. 인공지능과 함께 블록체인 기술이 발전하게 되면 진정한 자동화가 이뤄질 것으로 기대되고 있습니다.

실제로 마이크로소프트는 기업들이 인공지능을 좀 더 신뢰할 수 있도록 블록체인 기술을 활용하고 있습니다. 기업들은 자신들의 데이터를 그대로 들여다볼 수 있는 인공지능 서비스를 전적으로 믿지는 않습니다. 특히나 데이터가 가장 큰 자산인 4차 산업혁명 시대에 자신의 데이터가 어느 루트든 유출되는 것을 원하는 곳은 없을 겁니다. 그래서 마이크로소프트는 블록체인 기술로 수많은 기업의 데이터를 관리하면서 인공지능의 신뢰도를 높였습니다.

　마이크로소프트의 블록체인 엔지니어링 수석 프로그램 매니저 마크 머큐리Marc Mercuri는 "제조업, 에너지, 공공부문, 소매업에 이르기까지 인공지능이 사업의 디지털 측면을 모두 바꿔놓고 있는 중"이라며 "블록체인이 알고리즘부터 그 안팎으로 전송하는 모든 데이터를 신뢰할 수 있게 만들 수 있다."라고 말했습니다.

5G통신과 인공지능

　　현재의 인공지능은 수많은 데이터를 기본으로 학습하고 추론하는 것을 기본으로 발전하고 있습니다. 인공지능의 발전과 더불어 더 많은 데이터 저장과 더 빠른 정보 계산을 위해 하드웨어의 발전도 발을 맞추고 있습니다. 역설적으로 하드웨어의 급속한 발전 덕분에 인공지능의 성능도 빠르게 발전했다고 생각할 수도 있습니다.

　　인공지능과 함께 발전하고 있는 것 중 하드웨어처럼 4차 산업혁명을 이끌어 가는 기술의 하나가 바로 통신입니다. 4차 산업혁명의 핵심 키워드는 인공지능과 함께 초연결을 꼽을 수 있습니다. 앞에서 설명했던 것처럼 미래에는 모든 사물을 인터넷으로 연결해 수많은 데이터를 만들고 모으게 됩니다. 그 많은 데이터를 기반으로 인공지능은 계속 똑똑해지고 우리에게 여러 가지 편리한 서비스를 제

공할 수 있게 됩니다.

　이렇게 사람들 간의 연결을 넘어 사물과 사람, 사물과 사물 간의 연결까지 네트워크로 이뤄진 세계, 거기에 인공지능이 큰 역할을 하는 사회가 바로 초연결사회입니다. 초연결사회는 점점 더 많은 데이터를 만들어내고 있습니다. 이 많은 양을 처리하기 위해서는 더 작은 저장장치에 더 많은 데이터를 저장할 수 있는 메모리 기술의 발전이 필요합니다. 빠른 데이터 처리를 위한 인공지능 칩과 같은 반도체의 발전도 필수입니다. 거기에 가장 중요한 것이 엄청난 양의 데이터를 초고속으로 수집하고 처리할 수 있는 통신 속도입니다.

　현재 우리는 4G를 넘어 5G(5th Generation Mobile Communications) 통신 시대를 맞이하고 있습니다. 5G는 '언제 어디서나 환경의 제약 없이 사람과 사물을 포함한 모든 사용자에게 지연 없이 기가급 서비스를 효율적으로 제공하는 통신'이라고 정의됩니다. 4G 이동통신 서비스는 최대 속도가 약 1Gbps(초당 약 10억 비트) 정도인데 비해 5G 네트워크의 최대 잠재 속도는 20Gbps입니다. 일반적으로 따져도

5G

10Gbps는 충분하리라 예상되고 있습니다. 광통신망 네트워크에 버금가는 속도를 무선으로 사용할 수 있습니다.

　서비스 방식도 기존과는 완전히 달라졌습니다. 기존 4G까지는 대형 셀룰러 안테나를 설치한 중앙 기지국에서 광범위한 지역에 걸쳐 통신 서비스를 제공하는 방식입니다. 하지만 5G는 작은 기지국이 250m 간격으로 도시 안에 펼쳐져 있습니다. 이 기지국은 적은 전력을 사용하고 크기도 작아서 건물이나 전신주에 쉽게 부착할 수 있습니다. 5G 기지국은 4G 기지국보다 훨씬 더 많은 안테나를 사용합니다. 이들 안테나는 MIMO(Multiple-Input Multiple-Output, 다중 입력 다중 출력) 방식을 사용해서 동일한 데이터 신호로 한 번에 다수의 쌍방향 통신을 할 수 있습니다. 이런 식으로 5G 네트워크는 4G보다

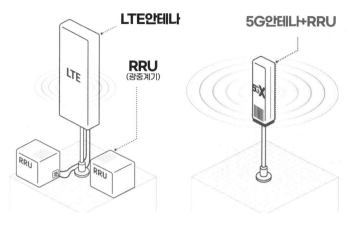

LTE안테나

5G안테나+RRU

RRU
(광중계기)

LTE

RRU

RRU

4G·LTE와 5G의 비교

20배 더 많은 통신 처리가 가능합니다.

우리나라는 2019년 4월 세계 최초로 5G 사용화 서비스에 성공했습니다. 때를 맞춰 과학기술정보통신부 등 10개 관계부처는 4월 8일 '5G+ 전략'을 발표했습니다. 정부는 이 전략 추진을 통해 5G+ 전략산업 분야에서 2026년에는 생산액 180조 원과 수출 730억 달러를 달성하고 양질의 일자리 60만 개를 창출한다는 목표를 내세웠습니다.

그럼 5G와 인공지능은 어떤 관계를 맺고 있을까요? 왜 인공지능은 5G 같은 빠른 네트워크가 필요한 걸까요? 5G가 인공지능에게 필요한 이유는 초광대역 서비스, 고신뢰·초저지연 통신, 대량 연결의 3대 특성으로 설명할 수 있습니다. 삼성리서치 몬트리올 AI 센터를 이끄는 그레고리 듀덱Gregory Dudek 센터장은 이 특성이 인공

161

4부 인공지능과 4차 산업혁명

그레고리 듀덱

지능에 도움을 주는 몇 가지 사례를 소개했습니다.

우선은 자율주행 자동차입니다. 안전한 자율주행을 위해서는 자동차의 완벽한 조작은 물론이고 돌발 상황에 대비하며 도로의 규칙도 준수해야 합니다. 그러려면 센서 간의 통신이 중요한데 이 통신속도가 느리면 사고로 직결됩니다. 4G 환경에서는 멈추라는 명령에 따라 멈추기까지 대략 2.5~3m를 더 운행합니다. 지연시간은 고작 0.1초에 불과하지만 사고로 연결되기 충분한 시간과 거리입니다. 하지만 5G 환경에서는 지연시간이 0.001초로 줄어듭니다. 거리로 따지면 2.5~3㎝가 됩니다. 5G 기술이 데이터 지연 시간을 최소한으로 해 자율주행을 안전하게 도와주는 겁니다.

또 인공지능 반도체를 이용한 에지(edge) 컴퓨팅에도 도움을 줄 수 있습니다. 에지 컴퓨팅은 데이터 소스와 밀접한 지점에서 분산해 컴퓨팅이 이루어지는 것을 의미합니다. 클라우드 환경에서 데이터를 주고받는 과정을 최소화해서 클라우드의 부담을 줄이고, 데이터 처리 속도도 높일 수 있습니다. 인공지능 반도체와 에지 컴퓨팅에 관해서는 다음 장에서 조금 더 자세히 다루겠습니다.

로봇은 또 어떨까요? 로봇 역시 실시간 통신이 매우 중요하다고 듀덱 센터장은 말합니다. 그는 "로봇의 추론능력, 행동 조작과 같은 로봇공학 영역은 연결성에 전적으로 의존한다."고 덧붙였습니다. 이는 자율주행차와 비슷한 내용입니다. 도우미 로봇의 경우 일상생활에서 수많은 돌발상황에 부딪히는데 빠른 대처를 위해서는 초고속 연결이 필수입니다. 이 밖에도 스마트헬스, 스마트시티, 가상현실과 증강현실을 이용한 초현실 기술 등에 5G 기술은 없어서는 안 될 존재입니다.

인공지능은 5G에게 도움만 받는 종속적 역할일까요? 아닙니다. 인공지능과 5G는 상호 보완관계를 가지고 있습니다. '받은 만큼 돌려준다.' 인공지능과 5G는 이 말이 가장 어울리는 상대입니다. 듀덱 센터장은 "통신 기술이 발전함과 함께 그 복잡성도 같이 커지기 때문에, 통신 기술을 상황에 맞게 최적화시키는 것이 당면 과제"라면서 "우리는 인공지능이라는 고도의 해법으로 정답을 찾고자 노력하고 있다."고 이야기했습니다. 5G 통신망을 충분하게 활용하려면 자동화한 환경으로 재설정하는 과정이 필요한데 이걸 인공지능이 도와줄 수 있다는 겁니다. 듀덱 센터장은 "4G보다 훨씬 많은 셀(cell)이 필요한 5G는 학습기반 인공지능 알고리즘을 통해 성능을 극대화할 수 있다."고 덧붙였습니다.

우리가 인공지능을 개발하는 목적은 인간의 노동을 대신 시킴으로써 삶을 편하게 하기 위함입니다. 인공지능이 노동의 많은 부분을 대처해주면 인간은 사무와 행정은 물론이고 제조, 건설, 물류, 운전, 운송 등과 같은 일에서 점차 손을 떼게 될 겁니다. 그리고 남는 시간에 또 다른 할 일을 찾아낼 겁니다. 이미 2018년 아우디

(Audi)와 디즈니(Disney) 등 여러 업체들이 자동차 안에서 즐길 수 있는 새로운 유형의 미디어를 개발 중이라고 발표했습니다. 아우디와 디즈니는 5G 서비스를 이용한 가상 체험 등 차별화된 콘텐츠를 서비스할 것이라고 밝혔습니다. 현대자동차는 자율주행 시대에 워크(Work), 스포츠(Sports), 디스커버(Discover), 쇼핑(Shopping) 등의 키워드를 운전자에게 제시했습니다. 자율주행차가 탄생하면 100년의 자동차 역사 중 가장 커다란 차내 변화가 있을 것이라고 예상됩니다.

4차 산업혁명이 기존의 생활 방식을 모두 바꿔버릴 것이라는 예상은 5G 통신과도 무관하지 않습니다. 소프트뱅크의 손정의 회장은 2019년 방한 당시 문재인 대통령에게 인공지능에 적극적으로 투자하라고 권유했습니다. 사실 우리나라의 인공지능 기술은 선진국에 비해 다소 뒤처지는 것이 사실입니다. 하지만 우리에게는 이를 극복할 만한 무기가 있습니다. 바로 통신 환경이죠. 세계 최초로 5G의 상용화를 시행할 만큼 IT강국인 우리나라는 관련 테스트 및 기술 개발에 가장 유리한 고지에 서 있습니다.

초연결, 초지능, 초융합, 초현실 등 기술 앞에 초(超)를 붙이는 것이 유행하고 있습니다. 심지어 초격차라는 말까지 생겨났습니다. 현시점에서의 1위는 의미가 없습니다. 기술 앞에 '초'가 붙은 것들을 빨리 선점하고 활용하는 국가와 기업이 초격차를 벌리게 될 것입니다. 그 기술들의 핵심은 인공지능, IoT, 빅데이터, 블록체인 등이며 5G는 바로 그것들이 맘껏 뛰어놀 수 있는 마당 역할을 합니다.

6장

IT업계의 생태계를
바꾼 인공지능 칩

　　　　　　　알파고가 어떻게 생긴 녀석인지 궁
금하지 않으신가요? 실제 알파고는 CPU 1,202개에 GPU 176개를 사

용한 네트워크 컴퓨터입니다. 구
글의 데이터 센터에 있는 알파고
는 오른쪽 사진과 같은 모습일 겁
니다.

　한국과학기술정보통신연구원
(KISTI) 슈퍼컴퓨팅센터장을 역임
했던 이지수 사우디 킹 압둘라 과
학기술대학교(KAUST) 슈퍼컴퓨팅
센터장은 2016년 조선일보와의
인터뷰에서 "알파고의 하드웨어

'알파고'의 실제 모습

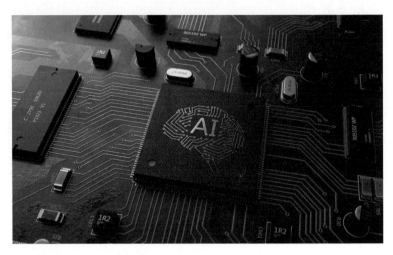

인공지능을 위한 칩이 별도로 개발되고 있다.

스펙을 보면 대충 100억 원짜리"라고 추정했습니다. 어마어마한
가격이니만큼 일반인은 물론 웬만한 대기업이 아니면 꿈도 꾸기 힘
든 금액입니다.

　하지만 알파고로 인해 인공지능이 엄청난 인기를 끌면서, 관련
하드웨어에 대한 수요가 늘어난 덕분에 여러 업체가 인공지능 하드
웨어 개발에 뛰어들었습니다.

　알파고의 주인인 구글은 2016년에 TPU(Tensor Processing Unit) 칩을
공개했습니다. TPU는 당시 최대 180 테라플롭스(1초에 180조 회의 부동
소수점 연산)의 연산이 가능했습니다. 그리고 2018년에는 이것을 업
그레이드한 초소형 TPU인 에지TPU를 발표했습니다. 이 칩을 이용
하면 클라우드에서의 머신러닝 학습을 가속화한 다음, 순식간에 머
신러닝을 추론할 수 있습니다. 동전 위에 4개를 올릴 수 있을 정도

의 작은 크기인 에지TPU를 이용한 인공지능 개발키트까지 생산됐습니다.

이에 뒤질세라 GPU 개발 그룹인 엔비디아는 2018년 1부에서 언급한 바 있는 젯슨 나노를 발표했습니다. 이 제품은 GPU를 사용한 쿠다(CUDA)-X를 기반으로 합니다. 쿠다-X는 엔비디아의 병렬 프로그래밍 모델 쿠다 위에 구축한 소프트웨어 가속화 라이브러리 컬렉션입니다. 젯슨 나노는 주로 그래픽 최신 인공지능 워크로드를 472 기가플롭스(1초에 4,720억 회의 부동 소수점 연산)의 연산속도로 처리하고, 5W의 전력만으로 구동이 가능한 무시무시한 녀석입니다. 엔비디아는 젯슨 나노를 통해 더 많은 사람들이 딥러닝과 로봇공학을 배울 수 있으리라 자신했습니다.

하지만 이와 별도로 GPU가 전력을 많이 소모하는 단점이 있기에 최근에는 사용자의 명령에 대한 결과뿐 아니라 자발적으로 데이터를 분석한 뒤 결괏값을 도출해 내는 NPU(Neural Processing Unit)라는 칩 개발이 인기를 얻고 있습니다. 말하자면 인공지능 추론에 특화한 제품입니다. 중국 화웨이의 '기린'이 대표적입니다.

그 외에도 마이크로소프트, 페이스북 같은 미국 IT공룡 등은 물론이고 중국 바이두, 한국의 네이버 같은 IT업체들까지 인공지능 칩 개발에 몰두하고 있습니다.

그런 와중에 2020년 4월 국내 국가출연연구소에서 놀랄만한 성능의 인공지능 칩을 개발했다는 소식이 들려왔습니다. ETRI(한국전자통신연구원)가 에스케이텔레콤 등 국내 기업과 공동연구로 데이터

센터 같은 고성능 서버 및 IoT 디바이스 등에 적용 가능한 NPU 기반의 인공지능 반도체를 개발해 발표한 것입니다. 앞서 설명한 제품들에 필적할만한 성능의 새로운 인공지능 칩입니다.

한 번 더 강조하자면 인공지능 칩은 빠른 연산 속도와 저전력이 핵심입니다. ETRI가 개발한 칩은 약 동전 크기(17㎜×23㎜)에 1만 6,384개의 연산장치를 집적해 성능을 극대화했습니다. 그러면서도 각 연산장치의 전원을 온·오프 할 수 있는 소프트웨어 기술을 적용해 전력 소모도 최소화했다는 것이 장점입니다.

이 작은 칩은 무려 초당 40조 번, 그러니까 40 테라플롭스의 데이터 처리가 가능합니다. 전력은 단 15~40W면 충분합니다. 클라우드 데이터 센터 등에 적용하면 인공지능 서비스에 사용하는 전력효율이 지금보다 10배 이상 커질 수 있다고 기대하고 있습니다. 이 인공지능 칩은 지능형 CCTV와 음성인식 등에서 활용하고 있습니다.

ETRI는 이 외에도 사람의 눈처럼 물체를 인지하는 시각지능용 인공지능 칩을 전자부품연구원, 팹리스(Fabless, 반도체 제품을 직접 생산하지 않고 간접적으로 만드는 반도체 회사를 의미) 등과 협력해서 개발했습니다. 이 인공지능 칩은 사람 수준으로 사물을 인식할 수 있습니다. 5㎜ ×5㎜의 아주 작은 크기에도 초당 30번의 물체 인식이 가능합니다. 그것도 기존에 나와 있던 비슷한 수준의 반도체의 1/10도 안 되는 0.5W 전력으로 말입니다.

마지막으로 한 번 더 정리하자면 인공지능 칩의 주요 용도는 클라우드 등에서 AI가 대량의 데이터를 사용해서 배우는 '학습'과 스마트폰이나 센서 등의 단말기에서 학습한 결과를 토대로 즉시 판단을 내리는 '추론'을 빠르게 하는 것입니다.

최근 인공지능 기술의 주류인 딥러닝은 굉장히 많은 데이터를 사용해 간단한 곱셈과 덧셈 같은 연산을 반복 학습하는 방법을 사용합니다. 일반적인 컴퓨터에 들어있는 CPU들은 복잡한 계산에는 높은 성능을 자랑하지만 많은 양의 단순 계산을 병렬 처리하는 일에는 적합하지 않습니다. 그래서 CPU를 딥러닝에 사용하면 시간도 오래 걸리며 전력도 많이 필요합니다.

결국 인공지능을 위해서는 맞춤형 인공지능 칩의 설계가 필요합니다. 엔비디아는 2025년까지 클라우드 기반 인공지능 칩셋 시장이 700억 달러 정도 규모에 달하리라 예상하고 있습니다. 소프트웨어로 세계 시장을 장악한 IT 기업들이 인공지능 칩에 대규모 투자를 단행하는 것은 바로 이런 이유 때

한국전자통신연구원에서 개발한 AI 반도체

문입니다. 또한 최적화된 프로그램도 있어야 합니다. ETRI는 최근 '버전 처리용 온보드 인공지능 소프트웨어'를 개발했습니다. 클라우드 서버에 미치지 못하는 컴퓨팅 자원과 적은 전력, 데이터만으로도 효과적인 딥러닝 처리를 가능하게 해줍니다.

인공지능 위인도감

인공지능의 봄을 찾아온 천재들

인공지능 연구의 기나긴 겨울을 끝낸 인물들은 누가 있을까요? 인공지능 업계에서는 다양한 인물들을 꼽습니다. 스티븐 그로스버그Stephen Grossberg나 아마리 슌이치甘利俊一 등이 여기 포함됩니다. 핀란드의 천재 테우보 코호넨Teuvo Kalevi Kohonen도 빼놓을 수 없습니다.

테우보 코호넨

1934년 7월 11일 핀란드의 라우리찰라(Lauritsala)에서 태어난 코호넨 교수는 2008년 IEEE 프랭크 로젠블랫상을 받았습니다. 최적연상 맵핑을 통한 자기조직화 지도를 고안해 인공지능 연구의 봄을 되찾은 것으로 유명합니다.

코호넨은 1960년대 신경회로망에 분산연관 메모리, 최적연관 맵핑, 자기조직화 지도, 학습벡터 양자화, 소형중복 해시 어드레싱, ASSOM(Adaptive-Subspace Self-Organizing Maps, 적용부분공간 자기조직화 지도), WEBSOM 등의 새로운 개념을 도입했습니다. 그 중에서 자기조직화 지도가 가장 유명합니다.

일명 코호넨 맵 또는 코호넨 네트워크라고 부르는 알고리즘이죠. 이 네트워크는 굉장히 빠른 업무 수행이 가능합니다. 잠재적으로 실시간 학습 처리를 할 수 있으며 연속적인 학습 기능도 지원합니다. 만약 입력 데이터의 통계적 분포가 시간에 따라서 변한다면 코호넨 맵 또한 자동으로 적응할 뿐 아니라 자기 조직화를 하기 때문에 정확한 통계적 모델을 만들어 냅니다. 즉, 답을 알려주지 않았어도 스스로 지도를 만들어낼 수 있다는 뜻입니다.

이 코호넨 맵은 인공 신경망 분야에서 중추적인 기여를 했습니다. 금융, 무역, 자연 과학 및 언어학을 비롯해 음성 인식과 로봇 공학까지도 사용됩니다. 전문가들과 전선 과학 분야에서는 이 이론을 인공 지능 분야에서 가장 중요한 기술 중 하나로 간주하고 있습니다. 약 8,000개의 논문과 12권의 책, 6개의 국제 워크숍 등에서 인용되었던 것이 그 증거입니다.

이 공로로 그는 1991년 IEEE 신경망위원회 파이오니어상, 1995년 IEEE 신호처리학회 기술공로상, 그리고 2008년 IEEE 프랭크 로젠블랫상 등 다양한 상을 받습니다.

인공지능의 겨울을 끝낸 코호넨은 현재 핀란드 아카데미의 명예 교수로 지내고 있으며, 핀란드 아카데미가 우수 연구소로 선정한 헬싱키 공과대학의 신경망 연구소는 코호넨의 혁신과 관련한 연구를 수행하기 위해 설립됐을 정도입니다.

인공지능의 봄을 가져온 또 다른 인물로 생물학적 시각장치에 기초한 네오코그니트론(Neocognitron, 신경 회로망에서의 패턴 인식 모델의 하나. 계층형 네트워크 구조로 되어 있으며 교사 없는 학습에 의한 자기 조직화 능력이 있습니다.)을 고안한 후쿠시마 구니히코福島邦彦가 있습니다.

후쿠시마는 일본의 컴퓨터 과학자로 딥러닝의 실질적인 효시로 불립니다. 인공 신경망과 딥러닝에 대한 연구로 유명합니다. 1936년 당시 일본 영토였던 대만에서 태어나 제2차 세계대전이 끝날 때까지 가족과 함께 살았습니다. 전쟁이 끝날 무렵 대만이 해방되자 후쿠시마는 모든 것을 그곳에 두고 본국으로 돌아와야 했습니다. 가난했던 그는 장난감 살 돈도 없어 삼촌에게 얻은 변압기와 분해된 전기 모터를 가지고 놀았습니다. 이것이 후쿠시마가 전자공학에 빠지게 된 계

후쿠시마 구니히코

기가 되었습니다.

1966년 교토대학에서 전자공학으로 박사학위를 받은 후쿠시마는 1970년대에 NHK 연구소에 근무하면서 신경망 연구에 몰입합니다. 후쿠시마는 신경 생리학자, 심리학자 등과 긴밀하게 협력해 인공 신경망을 설계했습니다. 그는 더 높은 뇌 기능, 특히 시각 시스템의 메커니즘의 신경망을 모델링하는 데 특별히 관심을 가지고 있었습니다. 1979년 심층 CNN(Convolutional Neural Network)인 '네오코그니트론'을 발명했으며 학습을 통해 시각적 패턴을 인식할 수 있는 능력을 만들어 냈습니다. 이 기술은 아직도 계속 업그레이드되고 있습니다.

1989년 오사카 대학으로 옮긴 후쿠시마는 신경망 및 기계 학습에 대한 연구를 확대했습니다. 시각 패턴 인식뿐만 아니라 뇌의 또 다른 기능을 위한 신경망 모델을 만들었습니다. 1999년 도쿄의 전자통신 대학, 2001년 도쿄 공과대학으로 소속을 옮겼던 그는 2006년부터는 후쿠오카의 퍼지로직시스템 연구소에서 선임 연구 과학자로 근무하고 있습니다.

현재 후쿠시마는 주로 도쿄에 있는 자택에서 일하면서 네오코그니트론을 포함한 신경망을 위한 새로운 훈련 방법과 아키텍처를 개발하고 있습니다. 80세가 넘은 고령에도 아직 활발한 연구를 이어가고 있어 후배들에게 많은 귀감이 되고 있는 인물입니다.

그는 일본전자정보통신공학회(IEICE)로부터 공로상과 우수 논문상을 받았고 IEEE의 신경망 개척자상, 아시아태평양 신경망협의회(APNNA) 우수 업적상, 일본신경회로학회(JNNS) 우수 논문상 및 아카데믹상, 국제신경망학회(INNS) 헬름홀츠상 등 다양한 상을 수상했습니다. 후쿠시마가 만든 네오코그니트론 덕에 일본이 딥러닝의 원조 국가임을 자처하고 있는 것은 살짝 부러운 부분이네요.

인공지능도 시민권을 받을 수 있을까

가 초인공지능이 탄생하면 인간과 동일한 대우를 받을 수 있을까? 초인 공지능이 인간과 동일한 대우를 받으려 할까? 인간이 초인공지능과 같은 대우를 받아들일지 생각해보자.

나 아이작 아시모프Isaac Asimov의 과학소설 『바이센테니얼맨(Bicentennial Man)』에서는 로봇이 인간으로 인정을 받기 위해서는 죽을 수 있어야 한다는 내용이 등장한다. 인공지능이 인간으로 인정을 받기 위해서는 어떤 조건을 만족해야 할까?

다 빌 게이츠Bill Gates는 "연봉 5만 달러(약 5,700만 원)를 받는 노동자는 자신의 연봉에 비례하는 세금을 낸다. 만약 '로봇 인간'이 5만 달러어 치 일을 하면 그에 상응하는 각종 세금을 내야 한다."라며 로봇세의 필 요성을 언급했다. 인공지능이 세금을 내게 되면 그에 대한 어떠한 혜 택을 부가해야 할지 생각해보자.

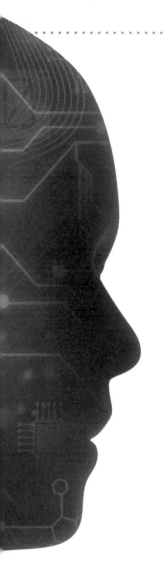

5부

특이점 이후,
우리의 선택

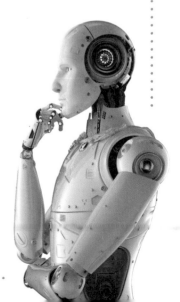

세계적 미래학자 레이 커즈와일 Raymond Kurzweil은 자신의 저서 『특이점이 온다』에서 특이점(Singularity)에 대해 "인간의 사고능력으로 예상하기 힘들 정도로 획기적으로 발달한(exponentially advanced) 기술이 구현되어 인간을 초월하는 순간을 의미한다."라고 정의했습니다.

지금 생각해보면 이 특이점이 인공지능의 발달이 아닐까 생각합니다. 실제로 기술이 발전해 인류의 지성보다 더 뛰어난 초인공지능이 출현하는 시점이 기술적 특이점이라고 말하는 사람도 있습니다. 물론 인공지능이 사건의 지평선(Event horizon, 내부에서 일어난 사건이 외부에 영향을 줄 수 없는 경계면. 일반상대성이론 중)이 되기 위해서는 아직 가야 할 길도 많이 남아있지만, 그 이후에 대해 미리 고민해야 할 부분도 많습니다.

정말 특이점은 올 것인가? 인간을 뛰어넘을 강한 인공지능의 탄

레이 커즈와일과 그의 저서 『특이점이 온다(The Singularity is Near)』

생은 언제쯤 이뤄질 것인가? 이런 질문과 궁금증은 현시대를 살아가는 인류에게는 당연한 일일 것입니다. 인공지능의 미래는 유토피아일까요? 디스토피아일까요? 그 결과는 기술이 아니라 인간에게 달려있다는 것이 많은 전문가의 공통적 의견입니다.

현재 개발하고 있는 인공지능은 많은 데이터를 통한 학습을 기본으로 성장하고 있습니다. 이 데이터를 만들어 내는 것은 인간입니다. 그렇기에 인간이 어떤 데이터를 만들어 내고 어떤 내용을 학습시키는가에 따라 인공지능을 통한 미래의 모습도 바뀔 수 있을 것입니다.

인공지능으로 인해 변화될 우리 사회는 서서히 그 모습을 드러내고 있습니다. 지금 제대로 가고 있는지 아니면 어떤 문제가 있을지는 기성세대보다 자라나는 세대에게 판단을 맡겨야 할 것 같습니다. 특이점은 그들 세대에서 올 가능성이 크기 때문입니다.

1장

인공지능이 일자리를 바꾼다

인공지대 시대가 열리면서 가장 많은 이슈가 됐던 것이 바로 일자리입니다. 부정적인 시각에서는 '4차 산업혁명은 일자리의 무덤'이라는 말까지 나옵니다. 이러한 걱정이 시작된 계기는 제46회 세계경제포럼(WEF)입니다. '4차 산업혁명의 이해'라는 주제로 2016년 1월 21일부터 24일까지 스위스 다보스에서 개최된 WEF에서는 4차 산업혁명이라는 특이점을 통과하는 과정에서 발생할 사회구조의 혁명적 변화에 주목하자는 논의가 심도 있게 진행됐습니다. 이때부터 우리나라에도 4차 산업혁명 붐이 일어나기 시작했습니다.

이 포럼에서는 의미 있는 보고서가 하나 나왔습니다. 바로 4차 산업혁명이 일자리에 영향을 미칠 것을 분석한 「일자리의 미래」 보고서입니다. 이에 따르면 향후 5년간 전 세계 고용의 65%를 차지

세계경제포럼 「일자리의 미래」 보고서 - 미래변화의 주요 요인

인구·사회경제적 변화

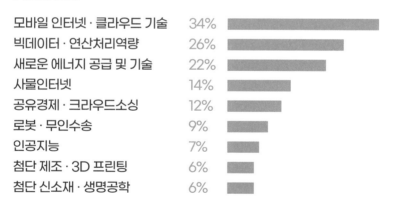

업무 환경의 변화 · 유연 근무	44%
신흥시장의 중산층	23%
기후변화 · 천연자원	23%
지정학적 불안감 증가	21%
소비자 윤리 · 사생활 이슈	16%
장수 · 노령사회	14%
신흥시장의 젊은 세대	13%
여성의 경제적 능력 및 열정	12%
급격한 도시화	8%

기술의 변화

모바일 인터넷 · 클라우드 기술	34%
빅데이터 · 연산처리역량	26%
새로운 에너지 공급 및 기술	22%
사물인터넷	14%
공유경제 · 크라우드소싱	12%
로봇 · 무인수송	9%
인공지능	7%
첨단 제조 · 3D 프린팅	6%
첨단 신소재 · 생명공학	6%

하는 선진국 및 신흥시장 15개국에서 일자리 710만 개가 사라진다고 합니다. 반대로 4차 산업혁명과 관련해서는 일자리 210만 개가 새로 생길 것으로 예상했습니다. 더하고 빼면 500만 개의 일자리가 감소할 것이라는 전망입니다.

이 발표 이후에도 일자리 감소에 관한 이야기는 꾸준히 나오고 있으며 숫자와 직업의 종류에 다소 차이는 있지만, 일자리가 줄어든다는 명제에는 대부분 동의하고 있습니다. 4차 산업혁명은 초연결을 통한 인공지능을 통해 자리를 잡게 되기 때문에 인공지능이 필연적으로 일자리에 영향을 미치게 됩니다. 특히 사무직처럼 타인과 교류하는 일이 적으면서 단순 작업이 많은 직업군에서 일자리 감소는 두드러질 것으로 예상합니다. 빅데이터 분석과 인공지능을 품은 자동화 시스템이 더 잘 할 수 있는 일이기 때문입니다. 2016년의 WEF 보고서에서는 2021년까지 이런 직업군에서 475만 9,000개의 일자리가 줄어들 것으로 전망했습니다.

우리나라도 다양한 기관에서 일자리에 관한 연구를 진행하고 보고서를 내고 있습니다. 2017년 12월에는 한국고용정보원에서 「4차 산업혁명 미래 일자리 전망」이라는 제목의 보고서를 발표했습니다. 여기서는 직무의 유형과 숙련도를 기준으로 기술 대체 가능성을 4가지 유형으로 정리했습니다.

기술 대체 가능성이 작은 업무 중 비정형인 분야로는 연구개발, 공정관리, 설비 유지 보수, 법률전문가, 의료 등 고숙련이 필요한 직업이 꼽혔습니다. 반대로 고숙련이 필요하지만 정형적인 업무를 주로 하는 회계사무, 법률사무, 통번역, 임상병리, 영상의학분석 등의 직업은 기술 대체 가능성을 중간으로 봤습니다. 저숙련 업무 중 정형화된 단순조립, 계산 및 출납, 요금수납, 시설안내, 창고관리 등은 기술 대체 가능성이 크고, 숙련이 필요 없지만 비정형성인 정육가공(발골), 청소, 간병, 육아 등은 기술 대체 가능성이 작다고 보았습니다.

이 보고서에서도 신기술의 등장으로 인해 새로운 직업과 일자리가 탄생할 수 있다고 예측했습니다. 하지만 그와 함께 기존 직종에서 역할이 확장되는 경우도 있을 것으로 추정했습니다. 인공지능 같은 신기술로 대체되는 직업이 생기는 반면 그 빈자리를 채우는 보완 직업이 동시에 등장할 수 있다는 의미입니다.

이미 펀드매니저를 대신하는 주식매매 프로그램, 약사나 요리사의 업무를 대체하고 있는 자동화된 약국이나 레스토랑 등이 여러 미디어를 통해 소개되고 있습니다. 하지만 이러한 예상이 생각보다 빠르게 진행되고 있지는 않습니다. 앞서 WEF가 2021년에 475만 9,000개의 일자리가 줄어들 것으로 예상했지만 아직 인공지능 기술은 노동자를 길거리로 내쫓지 못했습니다.

오히려 주목받았던 몇몇 시도들은 실패하거나 시간이 더 걸릴 것으로 보이는 예도 있습니다. 대표적인 사례가 바로 아디다스(Adidas)가 독일에 세운 스마트 공장 '스피드 팩토리'입니다. 아디다스는 이 스피드 팩토리가 연간 50만 켤레의 주문형 제조시스템을 갖추고 생산 투입 인원을 1/60 수준까지 낮췄다고 자랑했습니다. 하지만 4

아디다스의 스피드 팩토리

년에 걸친 이 실험은 실패로 끝났습니다. 아디다스는 공장 가동을 멈추고 중국과 베트남으로 돌아갔습니다. 사람들은 이 공장의 실패가 3D 프린터에 원인이 있다고 보고 있습니다. 아직 첨단 프린팅 기술이 '사람의 손'을 따라갈 수 없다는 겁니다. 아디다스가 이 시스템으로 현 생산 물량의 절반을 감당하려면 지금보다 200배를 더 찍어내야 합니다.

의료계의 혁신을 이끌 것으로 기대받았던 IBM 왓슨 역시 앞에서 언급했듯이 병원 창고에서 다음 기회를 기약하고 있습니다. 18년간 엠디앤더슨 암센터(MD Anderson Cancer Center)에서 교수로 재직한 김선진 플랫바이오 회장은 "진료 행위는 같은 병명이라도 의료진의 치료법, 환자를 둘러싸고 있는 환경에 따라 여러 요소를 고려해야 한다."라며 "의료행위를 단순히 (왓슨 등) 기계가 제공하는 단일

데이터로 해결하는 데는 한계가 있다."고 했습니다. 아직 인공지능이 사용할만한 충분한 데이터도 갖춰지지 않았고 학습도 부족하다는 의미입니다.

IBM 왓슨

이러한 사례들로 견주어볼 때 인공지능이 우리의 직업을 대체하기까지는 예상보다 시간이 오래 걸릴 수 있습니다. 오히려 딥러닝은 곧 한계에 도달할 것이라고 예상하는 전문가도 있습니다. IBM 왓슨 인공지능 개발을 담당하다 페이스북으로 이적한 제롬 페센티Jerome Pesenti는 IT 전문 잡지《와이어드(WIRED)》와의 인터뷰에서 딥러닝의 한계에 관해 이야기했습니다. 그는 "솔직히 말하자면 딥러닝과 현재 인공지능은 인간의 지능과는 매우 멀리 떨어져 있고 다양한 한계를 가지고 있다."라고 밝혔습니다. 또한 "딥러닝을 확장하면 다양한 업무를 더 잘 처리할 수 있다."라면서도 발전 속도가 지속적이지 않다는 점을 문제 삼았습니다. "최고의 결과를 내기 위해선 매년 10배의 비용이 들어가는데 아무도 그렇게 하지 않을 것"이라고 말했습니다.

제롬의 이야기처럼 아직 딥러닝은 한계를 가지고 있기에 WEF 보고서의 예상만큼 짧은 시간 내에 우리의 일자리를 대체해 나가기에는 버거울 수 있습니다. 기술은 하루가 멀다 하고 빠르게 발전하고 있지만, 산업 현장에서 실제로 인공지능이 활용되는 모습을 쉽게 볼 수 없는 것은 그런 이유 때문입니다. 패스트푸드점에서 계산

키오스크 주문

원을 대체한 결제 키오스크는 신기술을 이용했다기보다는 기존 기술에 아이디어를 접목한 것뿐이니까요.

그럼에도 불구하고 우리는 새로운 시대에 대한 준비를 빠르게 해 나갈 필요가 있습니다. 코로나19 사태로 증명되었듯이 모바일 기술의 발전 덕분에 원격근무가 가능해졌고 향후 저출산 등의 이유로 원격 혹은 재택근무를 권장하는 분위기가 형성될 수 있습니다. 이는 동시에 근로시간이나 근로감독, 보안, 사생활 침해 등의 문제가 함께 생겨날 수 있으며 인공지능의 소유자와 제작자 사이에 책임 문제가 발생할 수 있다는 이야기도 됩니다. 또한 유튜브 없이 살기 힘든 현재의 생활이 대변하고 있듯이 플랫폼을 만들거나 활용해야 하는 플랫폼 사업의 시대가 도래할 것입니다.

대량 해고나 직업 말소 등의 심각한 사회문제가 단번에 발생하는 것은 아니어도 가랑비에 옷 젖듯 서서히 바뀌어 가는 사회에 대한 적응이 필요한 시기입니다. 개인의 노력만으로 변화에 대응하기 힘들 수 있지만, 사회 패러다임의 변화가 퇴행이 아닌 발전의 모습이 되기 위해서는 개인부터 변화에 잘 적응할 수 있도록 준비하고 사회 전체가 공유할 수 있도록 힘써야 한다는 것이 많은 전문가의 공통적인 충고입니다.

2장

인공지능이 도시를 바꾼다

인공지능은 사물에게 인격을 부여
하는 능력을 지니고 있습니다. 여러 사물과 인간이 어울려 있는 가정
에 결합하면 IoT가 적용된 스마트홈이 됩니다. 이걸 도시 전체에 적
용하면 '스마트시티(지능형 도시)'가 탄생하게 됩니다.

인공지능과 도시의 접목을 한 번 상상해볼까요? 김자유 씨의 하
루를 따라가면서 현재 우리의 삶과 비교해 보겠습니다.

스마트시티

김자유씨는 아침 7시에 스마트홈에서 우리 동네 미세먼지 정보를 실시간으로 제공받고 현재 교통상황에 맞는 최적의 이동수단을 추천받았습니다. 8시가 되어 자율주행 버스를 타고 출근합니다. 지능형 교통시스템이 도로 상황을 알아서 정리해주기에 신호 대기 시간 없이 곧바로 회사까지 왔습니다. 도착한 곳은 처음 오는 사무실입니다. 요즘은 사무실을 공유하고 있습니다. 오늘 집에서 가장 가까운 공유 사무실은 용산에 있었군요. 점심시간은 무인식당에 들려 식사를 하고 안면인식 시스템으로 편리하게 결제했습니다. 거리가 너무 삭막하다고 민원을 넣었는데 벌써 가로수가 심어졌네요.

딩동! 오늘은 전기요금이 입금되는 날이라는군요. 자유씨는 집에 있는 태양광 집열판과 지열 발전으로 생산한 전기를 사용하고 스마트그리드(SmartGrid, 전기 공급자와 생산자들에게 전기 사용자 정보를 제공함으로써 보다 효과적으로 전기 공급을 관리할 수 있게 해주는 서비스)로 절약한 전기는 판매해 수익을 남기고 있습니다. 밤 9시가 됐으니 슬슬 산책이나 하러 나가려고 합니다. 거리에 지능형 CCTV가 있어 안심하고 산책할 수 있습니다. 지능형 CCTV가 소리와 행동을 감지해서 별도의 신고 없이도 경찰이 출동해 줍니다. 이 CCTV는 화재 같은 재난에도 큰 역할을 합니다.

쌀쌀한 날씨에 산책을 너무 오래 했나 봅니다. 침대에 누워서 건강을 체크해 보니 감기 기운이 있습니다. 인공지능 비서가 집 온도와 습도를 높이고 내일 병원 예약까지 해 놨습니다.

　자유씨가 만끽한 스마트도시의 서비스는 국가 차원에서 추진하는 사업입니다. 우리나라 헌법에는 '스마트도시 조성 및 산업진흥 등에 관한 법률(스마트도시법)'이 있습니다. 이 법 제2조를 보면 스마트도시를 '도시의 경쟁력과 삶의 질의 향상을 위해 건설·정보통신 기술을 융·복합하여 건설된 도시기반시설을 바탕으로 다양한 도시서비스를 제공하는 지속 가능한 도시'라고 정의하고 있습니다. 쉽게 말해 4차 산업혁명의 주요 기술을 도시에 접목해 여러 가지 문제를 해결하는 도시라는 의미입니다.

　도시 운영에 인공지능을 활용하려는 시도는 왜 생긴 걸까요? 우리나라뿐만 아니라 전 세계 도시들 대부분이 주요 도시로의 인구 집중과 시설의 노화로 인해 자원과 기반이 부족하고 교통, 에너지 문제 등에 직면해있습니다. 지금까지는 대도시 주변에 신도시를 건설하는 등 도시 기반을 계속해서 늘려왔는데 그럴수록 구도심이 생

겨나고 부동산 투기가 늘어나는 등 더욱 심각한 도시문제가 발생합니다. 그래서 기존 인프라를 효율적으로 활용해 적은 비용으로 도시문제를 해결하려는 고민이 스마트시티라는 개념을 만들어 냈습니다. 이러한 추세는 전 세계 공통으로 진행되고 있어 앞으로 10년간 가장 빠른 성장이 예상되는 산업으로 주목받고 있습니다. 국제 시장조사기관 마켓츠앤드마켓츠(MarketsandMarkets)는 2014년 4,000만 달러 규모였던 스마트시티 시장이 2020년에는 1조 1,000만 달러까지 커질 것이라고 예상했습니다.

스마트시티는 4차 산업혁명이라는 단어가 등장하기 이전부터 세계 곳곳에서 준비해 왔던 기술입니다. 한국정보통신기술협회의 자료를 보면 중국은 이미 2012년 12월에 12차 5개년 계획에 따라 국가 스마트시티 시행지역을 공고하고 약 53조 원을 투자했으며 2015년에는 신형도시화계획의 발표와 동시에 500개 스마트시티 개발에 약 192조 원을 투자한다고 밝혔습니다. 미국은 2015년 '스마트시티 이니셔티브(Smart Cities Initiative)'를 발표하고 교통 혼잡 해소, 범죄예방, 경제성장 촉진, 공공서비스 등과 관련한 지역문제 해결을 위해 1억 6,000만 달러를 투자했습니다. 일본도 2014년 제4차 에너지기본계획을 통해 스마트시티 구축 계획을 내걸었으며 EU, 영국, 인도, 싱가포르도 스마트시티 사업에 적극적으로 뛰어들었습니다.

우리나라의 경우는 2009년 제1차 '유비쿼터스도시 종합계획'을 시작으로 스마트도시 계획을 시작한 것으로 보고 있습니다. 유비쿼터스도시는 도시 경쟁력과 주민 삶의 질 향상을 위해 전자통신 기술을 활용한 기반시설을 건설하여 필요한 서비스를 제공하는 도시로 스마트시티와 비슷한 내용을 담고 있습니다. 이것이 발전되어 2013년에는 제2차 유비쿼터스도시 종합계획이 수립되었고 제3차에 들어서면서부터는 아예 유비쿼터스도시라는 이름이 스마트도시로 바뀌게 됩니다.

나라마다 스마트시티에 접근하는 방식은 조금씩 다릅니다. 유럽 같은 선진국은 민간주도로 삶의 질 향상을 목표 삼아 기후변화 대응 등 도시 재생에 첨단 기술을 활용하려 합니다. 반면 아시아 등 신흥국은 공공주도로 국가 경쟁력 강화를 목표 삼아 급격한 도시화 문제 해결 및 경기 부양을 위해 스마트시티를 이용하려 합니다.

우리나라에서 도시재생활성화계획을 수립, 완료한 도시의 사례를 보면 인공지능이 스마트시티에서 어떠한 일을 하고 있는지 예상할 수 있습니다. 경기도 고양시는 드론을 활용해 등하굣길과 밤길

세종과 부산에 설립할 스마트시티 국가 시범도시

지구개요

위치　세종시 연동면 일원
면적　2,741천 ㎡(83만 평)
계획호수　11.4천 호(29.3천 명)
사업기간　2018~2022
사업시행자　한국토지주택공사

위치도

토지이용계획도

지구개요

위치　부산시 강서구 일원(세물머리지역 중심)
면적　2,194천 ㎡(66만 평)
계획호수　3,380호(약 9천 명)
사업기간　2018~2023
사업시행자　K-Water, 부산도시공사, 부산광역시

위치도

토지이용계획도

지킴이, 그리고 골목길 방범순찰 등 안전서비스를 제공하고 있습니다. 세종시는 데이터센터를 구축하고 조치원역 상권의 유동인구를 분석해 창업 지원 및 주차문제 해소에 활용하고 있습니다. 인천시 부평구는 상인들 간 정보를 공유하고 브랜드 홍보를 지원하는 커뮤니티 플랫폼을 구축했습니다. 부산시 사하구는 음식물 쓰레기를 퇴비화하고 중수시스템과 온도, 습도관리 등을 적용한 스마트팜을 만들었습니다.

또 우리나라가 제작하고 있는 통합플랫폼이 각 도시에 보급되면 재난 · 안전 분야 외에도 복지 · 환경 등 여러 서비스를 제공할 수 있습니다. 이 통합플랫폼은 방법, 환경, 방재, 교통 서비스 등을 네트워크로 연결해 도시 상황을 통합 관리하는 소프트웨어입니다. 앞으로 더 많은 서비스를 연결하여 도시 전반 서비스를 하나로 모으고 인공지능을 이용한 최적의 서비스가 이뤄질 수 있도록 구성하겠다는 복안을 가지고 있습니다.

우리나라는 또 세종과 부산에 5년 내 세계 최고 스마트시티를 조성하겠다는 포부도 가지고 있습니다. 세종의 경우 인공지능 · 데이터 · 블록체인 기반으로 시민의 일상을 바꾸는 스마트시티 조성을 꿈꾸고 있습니다. 부산은 급격한 고령화나 일자리 감소 등 도시문제에 대응하기 위해 에코델타시티(세물머리지구)에 로봇과 물 관리 관련 신산업 육성을 중점적으로 추진합니다.

어쩌면 스마트시티가 인공지능이 우리 삶을 어떻게 윤택하게 해줄 것인지 보여줄 수 있는 가장 대표적인 사례가 될 수도 있습니다.

3장

전문가들이 말하는 인공지능 시대의 생존법

인공지능의 발전은 우리에게 기대와 함께 두려움도 가져다줍니다. 앞으로 어떤 미래가 우리에게 닥칠지 섣불리 예상하기는 힘들지만 많은 부분에서 변화가 일어날 것이라는 사실은 틀림없을 겁니다.

18세기 제임스 와트가 증기기관을 발명하면서 산업혁명이 발발했습니다. 그 후의 세상은 이전 세상과는 완전히 다른 세상이 되어버렸습니다.

스티브 잡스가 2007년 1월 9일 샌프란시스코의 모스콘 웨스트에서 열린 맥월드 2007 기조연설에 아이폰을 들고나오면서 세상은 또 다시 격변을 맞이했습니다. 그로부터 10년이 채 지나기도 전에 데미스 허사비스는 알파고를 데리고 이세돌과 함께 바둑판에 돌을 올리며 세상을 다시 한 번 변화의 길로 이끌었습니다. 우리 세상은

스티브 잡스

소수의 천재들에 의해 항상 새로운 모습으로 탈바꿈되는 듯한 느낌입니다.

인공지능 시대는 이제 열렸습니다. 그렇다면 현재를 이끌어가는 전문가들은 이 시대를 어떻게 보고 있을까요? 전문가들의 인공지능에 대한 생각을 들어볼 수 있는 좋은 기회가 최근에 있었습니다. 2019년 8월 상하이에서 열린 '세계인공지능대회'였습니다. 이곳에서는 세계를 선도하는 전문가들의 연설과 대담이 이어졌습니다. 그중 가장 주목을 끈 것은 바로 알리바바의 마윈馬雲 회장과 테슬라 창업자인 일론 머스크Elon Musk의 대담입니다.

이 둘의 인공지능에 대한 생각은 완전히 상반됐습니다. 일론 머스크는 인류가 종종 인공지능에 대해 과소평가를 하고 있다고 주장

마윈과 일론 머스크

했습니다. 그는 "일부는 인공지능을 그저 똑똑한 사람의 지능 정도로 여기지만 실제 인공지능은 그보다 훨씬 뛰어나다. 침팬지가 인간을 제대로 이해하지 못하듯 우리가 인공지능을 이해하지 못하는 것이다."라고 자신의 생각을 피로했습니다. 이어 인공지능 연구자들은 자신들이 똑똑하다고 생각하는 실수를 범하고 있다고 덧붙였습니다.

일론 머스크는 뉴럴링크(Neuralink)를 만들고 있습니다. 이 두뇌 칩은 인간의 두뇌를 컴퓨터에 연결하는 기술입니다. 그는 이 기술을 통해 뇌졸중, 사고 또는 선천성 질환으로 손상한 뇌의 전체 섹션을 복구하는 것을 목표로 하고 있습니다. 그는 "컴퓨터 입장에서는 사람이 말하는 것이 굉장히 느리고 비효율적으로 들릴 것이다."라고 했습니다. 그렇기에 뉴럴링크처럼 인간과 기계가 직접 상호작용을 가져야 한다는 이야기입니다.

일론 머스크의 뉴럴링크

마윈은 인공지능과 인류의 미래에 대해 상당히 긍정적인 평가를 내놓았습니다. "인공지능(A.I.)이 'Artificial Intelligence'라고 불리는 것이 싫다. 나는 'Alibaba Intelligence'라고 부른다."라는 농담으로 대담을 시작한 그는 "인공지능은 바깥 세상보다는 우리 스스로를 이해하는데 도움되는 새로운 장을 열어줄 것"이라고 말했습니다. 이어 "미래를 예측하긴 너무 어렵다."라면서 "이미 99%의 예측이 틀렸다."라고 했습니다.

그는 인간의 내면을 이해하는 데 있어 인공지능의 역할과 가능성에 주목했습니다. 사람들에게 자신감을 가져야한다고 설득했습니다. "오늘은 해결책이 없지만 내일은 해결책이 생길 것이다. 우리는 해결책이 없어도 다음 세대들은 있을 것이다."라고 강조하며 인류는 인공지능을 배우는데 아무 문제가 없을 만큼 똑똑하다고 주장

인공지능, 무엇이 문제일까?

했습니다. 또 "하루 3시간, 주 4일만 일해도 충분"하다면서 "대량 실업은 쓸데없는 걱정"이라고도 말했습니다.

그에 비해 머스크는 기술의 비약적인 발전을 예로 들며 "인간성은 디지털 슈퍼 인공지능을 위한 생물학적 부트로더 같다."라고 이야기했습니다. 부트로더는 운영 체제가 시동하기 전 미리 실행하는 기본 프로그램을 뜻합니다. 그러면서 "과학기술 발전이 인간의 이해 범위를 넘는 것이 좋은 일인지 잘 모르겠다."라고 말했습니다. 머스크는 평소에도 인공지능에 대한 불안감을 여러 차례 비쳐 왔습니다. 그는 트위터에서도 "제3차 세계대전이 일어난다면 인공지능에 의해 일어날 것"이라며 인공지능이 핵무기보다 위험하다고도 했습니다.

마윈은 이런 머스크와의 대담에 이어 2019년 12월에는 도쿄에서 소프트뱅크의 손정의 회장과 만나 인공지능에 대한 이야기를 다시 나눕니다. 여기서 손 회장과 마 회장은 인공지능 시대에 필요한 교육 철학을 토론했습니다. 먼저 손 회장은 "AI 시대에 학교 교육은 학생들이 좀 더 소통하고 창조적이며 토론을 활성화하는 모습으로 바뀌어야 한다."라며 학생들이 조용히 교실에 앉아 암기나 하는 일본의 획일적이고 경직된 교육방식을 질타했습니다.

손정의 소프트뱅크 회장

알파고의 아버지 허사비스

마 회장은 "앞으로 사람들은 '배우는 법'을 배워야 할 것"이라고 답했습니다. 그는 "사회는 최고의 대학이며 평생 호기심을 잃지 말고 계속 배워나가야 한다."면서 "현재의 교육시스템은 산업화 시대에 살아남는 법을 가르치는 데 중점을 두고 있기에 미래를 살아갈 아이들에게 창의적이고 혁신적인 교육이 필요"하다고 강조했습니다.

그렇다면 알파고의 아버지 허사비스는 인공지능에 대해 어떤 생각을 가지고 있을까요? 허사비스는 중국 저장성 우전에서 열린 '바둑의 미래 서밋'에 참가해 "역사를 돌이켜 보면 산업혁명으로 많은 직업이 없어졌지만 동시에 그전에 없었던 새로운 직업이 생겨났다."며 "AI 시대에는 인간 상호관계와 같은 새로운 가치가 중요해지고 그에 따른 직업도 계속 생겨날 것"이라고 말했습니다. 또 사람의 전문성과 인공지능이 만나면 엄청난 시너지 효과가 있을 것으로 기대했습니다.

마이크로소프트의 창업자 빌 게
이츠는 인공지능에 대한 생각이 조
금씩 변하는 모습을 보였습니다.
그는 2015년에는 "인공지능 기술
이 극한으로 발전하면 인류에게 위
협이 될 것"이라고 경고했습니다.
하지만 2018년에는 뉴욕 헌터 칼
리지 강연에 나서 "인공지능은 그

빌 게이츠

저 적은 노동력으로 더 많은 생산과 서비스를 가능하게 하는 최신
기술일 뿐"이라고 이야기했습니다. 2019년에는 한술 더 떠 "새 회
사를 차리면 인공지능에게 읽기를 가르치겠다."라고도 했습니다.
최근에는 미국과학진흥회 2020년 연차총회에서 연설하면서 인공
지능에 대해 "복잡한 생물학적 시스템을 이해하게 할 수 있고, 유
전자 치료는 에이즈 치료의 잠재력을 가졌다."라고 칭찬했습니다.
거기에다가 "인공지능의 가장 흥분되는 부분은 복잡한 생물학적
체계를 이해하도록 돕고, 가난한 국가에서 건강을 개선하는 치료법
탐색을 가속하도록 돕는다는 점"이라고 덧붙였습니다.

KAIST 문술미래전략대학원 학과장을 맡고 있는 정재승 교수는
강연에서 "인공지능 시대에는 새로운 시대의 교육이 필요하다."라
고 주장했습니다. "우리는 좌뇌 측두엽 옆의 수리영역을 좋아하고
학교는 그곳만 평가한다. 저 영역을 발달시키기 위해 공교육과 사

정재승 카이스트 교수

교육이 혈안이 돼 있는 형국"이라면서 "안타깝게도 저 영역이 우리보다 인공지능이 한 수 위인 유일한 뇌 영역"이라고 개탄했습니다. 결국 "대한민국 교육은 인공지능 시대에 인공지능으로 쉽게 대체될 어른들을 양산하는 시스템일 뿐"이라고 주장한 정 교수는 인공지능 시대를 대비하기 위해 "뇌 전체를 골고루 사용하는 사람이 돼야 한다."라고 충고해 많은 학생들의 공감을 이끌어냈습니다.

수많은 전문가가 인공지능이 도래할 시대에 대해 예측하고 걱정하고 있습니다. 하지만 아무리 뛰어난 전문가라 하더라도 미래를 완벽하게 예측할 수는 없습니다. 마윈 회장처럼 인공지능에 대해 낙관적인 인물이 있는가 하면, 일론 머스크처럼 인공지능의 발전을 두려워하며 미리 대처하기 위한 기술을 준비하는 인물도 있습니다. 여기서 우리는 정 교수의 강의에 주목할 필요가 있을 것 같습니다.

인공지능 시대에 사라질 직업군을 예상한 목록은 매년 변합니다. 빌 게이츠처럼 생각도 조금씩 변해갑니다. 하지만 어찌됐든 인공지능 시대는 다가오고 있습니다. 피할 수 없는 쓰나미가 되어 들이닥치고 있습니다. 그리고 시시각각 달라지는 예측 속에서 바뀌지 않는 부분도 존재합니다. 정 교수의 말처럼 수리영역이 필요한 직업군이 사라지기 시작할 것이라는 것이 공통된 의견입니다. 실제로 지금까지 인공지능이 발달해온 분야를 돌아보면 법률, 의료, 바둑 같은 분야였습니다. 고흐 같은 그림을 그리는 인공지능, 비틀즈 같은 음악을 만드는 인공지능은 있지만 새로운 화풍과 음악 장르를 탄생시켜 사람을 감동시키는 인공지능은 언제 가능할지 알 수 없습니다.

4장

두려워할 것인가?
이용할 것인가?

　　　　　　　　　　　　　　미래 예측이 어렵고 아직은 인공
지능이 인간을 넘을 수 없다고는 하지만, 기술의 발전 속도를 보고
있자면 한시 바삐 준비를 시작해야할 것 같습니다. 그런데 뭘 어찌
해야할지도 모르겠고 겁나는 이야기만 잔뜩입니다.

　일런 머스크는 "인간 독재자는 죽음을 피할 수 없지만 인공지능
은 그렇지 않다. 인간은 피할 수 없는 불멸의 독재자를 접하게 될
것"이라는 말로 인공지능에 대한 두려움을 표했습니다. 인공지능
을 두려워하던 대표적인 과학자로는 스티븐 호킹을 꼽을 수 있습니
다. 그는 생전에 인공지능이 인류의 멸망을 초래할 수 있다고 공공
연하게 이야기하곤 했습니다. 한 번은 BBC와의 인터뷰에서 "언젠
가는 인공지능이 스스로를 초월해 자기 자신을 재구성하여 발전을
지속할 것이다. 생물학적 진화 속도가 느리다는 제한점을 가진 인

인공지능, 무엇이 문제일까?

간은 이와 경쟁할 수 없을 것이며 결국 대체될 것"이라고 예상했습니다.

세계를 이끌어 가는 명사들의 이런 발언은 격변기를 겪고 있는 우리들에게 인공지능에 대한 공포감을 안겨주기 충분합니다. 앞에서 다뤘던 일런 머스크와 마윈의 대담을 듣고 있자면 어떤 사람의 말이 맞는지 헷갈리기 시작합니다. 인공지능이 우리에게 위협이 될지, 아니면 그저 도구에 그칠지 심각하게 걱정도 됩니다. 만약 이 책을 읽고 계시는 분께서 미래를 준비하는 젊은 세대라면 더 많은 고민을 하실 겁니다. 과연 우리는 인공지능을 두려워해야 할까요? 안타깝게도 아직까지 그의 대한 대답을 명확하게 해줄 수 있는 사람은 없는 듯합니다. 다만 이런 방향으로 생각해 보는 건 어떨까요?

앨빈 토플러, 다니엘 핑크와 함께 '세계 3대 미래학자'로 꼽히는 영국의 유명한 미래학자 리처드 왓슨Richard Watson은 『인공지능 시대가 두려운 사람들에게』라는 저서를 발표했습니다. 이 책의 서문에는 미국의 생물학자 에드워드 O. 윌슨Edward Osborne Wilson의 "인간의 정서는 구석기 시대에, 제도는 중세에 머물러 있는데 기술은 신의 경지에 이르렀다는 사

『인공지능 시대가 두려운 사람들에게
(Digital vs Human)』 표지

리처드 왓슨

실이 인류의 진짜 문제이다."라는 말이 나옵니다. 저자가 왜 이 말을 책의 맨 앞에 인용했을지 생각해봅시다.

작가의 의도는 우리가 인공지능을 두려워하는 이유를 설명하기 위한 것이 아닐까 합니다. 인간이 인공지능을 두려워하는 것은 스스로 부족함을 알기 때문이라는 겁니다. 기술은 끊임없이 빠르게 발전하고 있지만 인간은 그 발전을 따라가지 못한다고 느끼고 있는 것이죠. 실제로 인공지능은 딥러닝의 탄생 이후에 인간의 상상을 넘어서는 발전을 보여주고 있습니다. 이제는 불과 1, 2년 후를 예측하기도 어렵습니다. 사람에 따라서는 인공지능이 공포의 존재로 인식되기 충분한 상황입니다.

미국의 유명한 호러 작가인 하워드 필립스 러브크래프트Howard Phillips Lovecraft는 "인류의 가장 오래된 감정은 공포이며, 가장 강력한 공포는 미지의 것에 대한 공포"라고 했습니다. 이 말에 비추어보면 어떻게 발전할지 알 수 없는 인공지능이야 말로 가장 강력한 공포의 대상이 되는 겁니다. 하지만 신은 인간을 공포에 굴복하도록 설계하지 않았습니다. 미국의 32대 대통령인 프랭클린 루즈벨트 Franklin Delano Roosevelt는 "우리가 두려워해야 할 것은 공포 그 자체"라고 했습니다. 우리가 두려워할 것은 인공지능이 아니라 인공지능을 두려워하는 공포심일지 모릅니다.

윌슨의 말대로라면 인간은 아직 발전할 가능성이 무궁무진합니다. 정서, 제도가 구석기 시대와 중세 수준에 머물러 있는 상태인데도 지금처럼 멋진 세계를 이룰 정도이니 인류가 조금만 더 성장한다면 얼마나 더 멋진 미래가 펼쳐질까요. 다만 기술의 발전에만 매몰돼 인간으로서 발전해야 할 '인간성' 부분을 외면하는 것은 경계해야겠지요.

인간성은 인간을 인간답게 만들어 줍니다. 인간성에 대해서는 시대에 따라 많은 해석의 차이가 있어왔습니다만 결국 인류가 지켜야할 본성임은 변하지 않습니다. '휴머니즘(humanism)'을 되찾아야 한다는 이야기가 많이 나오는 것도 같은 이유입니다. 휴머니즘은 인간의 본성, 문명 및 친절을 의미하는 라틴어 휴마니타스(humanitas)에서 유래됐다고 합니다. 다시 말해 지금처럼 비약적인 기술의 발전을 이룬 현대 사회에서 인문과학을 통해 과학을 올바르게 이해하고 효과적으로 이용할 수 있는 능력이야 말로 인간성의 본질이라고 볼 수 있습니다. 우리가 과학기술과 함께, 어쩌면 과학기술보다 먼저 배우고 소양을 쌓아야 할 것이 휴머니즘일 수도 있습니다.

인공지능과 함께 미래가 너무 빠르게 다가온다고 두려워할 필요는 없습니다. 미래는 인류 스스로 만들어 나가는 것입니다. 1989년에 개봉한 영화 '백 투더 퓨처 II'는 2015년 10월 21일을 미리 보여줬습니다. 그리고 실제 2015년 10월 21일이 되었을 때 우리는 영화 속 미래가 얼마나 현실이 됐는지 이야기하며 즐거워했습니다. 1989년 영화를 처음 봤을 때로 기억을 돌려 생각해보니 대부분 황당하다고 생각했던 기술들입니다. 황당했던 그 모습들이 지금은 거의 대부분 현실이 됐습니다. 심지어는 메이저리그에서 시카고컵스가 108년 만에 우승하는 것(영화에서는 2015년 우승으로 나왔지만 실제로는 2016년 우승)까지 비슷하게 맞추지 않았습니까? 어떤 미래학자보다 영화 작가와 감독이 미래를 더 잘 예측했던 겁니다. 엘빈 토플러가 "미래는 예측하는 것이 아니라 상상하는 것이다."라고 한 말이 정말이었던 것입니다.

리처드 왓슨은 자신의 저서 끝부분에 "기술이 앞으로 어떻게 발전할지 그 궤적을 예측하는 것은 소용없는 일이다."라며 "포용력과 재치가 있고 인간이 잘하는 것에 집중하는 개인과 기관만이 미래의 불확실성과 혼돈에서 살아남을 수 있다. 더 나아가 그런 미래에서 잘 살고 싶다면 기계의 지능에 맞서지 말고 그 지능을 잘 활용해야 한다."라고 적었습니다. 인공지능에게는 인공지능이 잘하는 것이 있고 인간에게는 인간이 잘하는 것이 있습니다. 인간성을 발전시킬수록 인간이 잘하는 영역이 뚜렷해질 겁니다. 그렇게 되면 그의 말대로 미래는 '디지털과 인간이 맞서는 시대가 아닌, 디지털과 인간이 함께하는 시대가 될 것'입니다.

인공지능 위인도감

알파고의 아버지 데미스 허사비스

인공지능과 관련해 요즘 대중적으로 가장 유명한 인물은 구글 딥마인드의 CEO인 데미스 허사비스일 것입니다. 허사비스를 한 마디로 표현하면 천재라 하겠습니다. 웹(www)의 창시자인 팀 버너스−리Tim Berners-Lee가 그를 가리켜 '지구라는 행성에서 가장 똑똑한 사람'이라고 칭했을 정도입니다.

알파고의 아버지로 국내에도 유명한 허사비스는 1976년 7월 27일 영국 런던에서 복잡한 혈통을 가지고 태어났습니다. 키프로스계 그리스인 아버지와 중국계 싱가포르인 어머니 사이에 태어난 그는 런던 북부에서 어린 시절을 보냈습니다.

허사비스는 체스 천재였습니다. 4살 때 삼촌에게 처음 체스를 배우기 시작해 금방 아버지를 이겼고 13살이 되던 해에는 체스마스터 자리에 올랐을 정도입니다. 당시 그의 Elo 등급(체스 능력을 가늠하는 점수)은 2,300으로 그 나이대 중 최고였습니다.

체스로 정상에 오른 그는 컴퓨터에도 빠지게 되었습니다. 컴퓨터에 대한 사랑을 키워가던 허사비스는 15세란 어린 나이에 불프로그 (BULLFROG)라는 회사에 들어가 그의 인생에서 가장 중요한 인물인 피터 몰리뉴Peter Molyneux를 만나게 됩니다. 불프로그의 설립자인 몰리뉴는 허사비스의 천재성을 일찌감치 파악하고 개발자로 파격 영입해 '신디케이트(Syndicate)'와 '테마파크(Theme Park)'라는 게임의 개발을 맡겼습니다. 그의 눈은 정확했죠. 경영 시뮬레이션 게임 테마파크는 무려 1,000만 장 이상이 팔려나가면서 '골든 조이스틱상'까지 받았습니다.

허사비스는 게임 개발을 하면서도 영국 GCE(General Certificate of Education, 고

등학교 통합 졸업시험)에서 최상위권인 S-레벨을 받고 조기 졸업했는데, 더 본격적인 공부를 하기 위해 1993년 불프로그를 퇴사하고 케임브리지대 퀸스 칼리지에 진학했습니다. 여기서도 수석으로 졸업한 그는 다시 몰리뉴를 만나 게임 역사에 한 획을 그은 '블랙 & 화이트(Black & White)'라는 시뮬레이션 게임을 출시했습니다. 플레이어가 신이 되어 자신의 추종자와 영토를 넓히는 내용이었는데 허사비스는 인공지능 부분 설계를 맡았습니다.

1998년 독립을 선언하고 비디오 게임 개발사인 '엘릭서 스튜디오(Elixir Studio)'를 설립해 실시간 전략 시뮬레이션 '리퍼블릭: 더 레볼루션(Republic: The Revolution)'과 '이블 지니어스(Evil Genius)'를 내놓은 허사비스는 이러한 공헌을 인정받아 2009년 33세의 나이로 영국왕립예술협회의 회원 자격을 얻기까지 합니다.

허사비스는 2005년 게임 업계를 나와 인공지능 연구에만 몰두하기 시작합니다. 인공지능 연구에 있어 사람의 뇌에 대한 이해가 필수라는 생각으로 학교로 돌아간 그는 2009년 유니버시티 칼리지 런던에서 인지신경과학(뇌과학) 박사 학위를 획득하는데, 이 당시에 인간의 뇌를 참고로 하여 인공지능 알고리즘에 대한 많은 아이디어를 찾아냈습니다.

허사비스는 셰인 레그Shane Legg, 무스타파 슐리만Mustafa Suleyman과 함께 인공지능 스타트업 딥마인드를 설립했는데 3년 만인 2014년, 구글에 4억 달러를 받고 회사를 매각하며 세상을 깜짝 놀라게 했습니다.

회사를 매각하는 데 그치지 않고 구글 인공지능 부문 부사장에 앉은 그는 이듬해 계열사를 분리하면서 구글딥마인드의 CEO가 되었고 2016년 3월에는 구글 딥마인드 챌린지 매치를 위해 한국을 찾았습니다. 이때 "인공지능은 언제나 우리를 발전시키는 데 사용해야 한다."라며 "과학자의 데이터 분석에 연구 보조원으로 활용해야 한다."고 강조했습니다.

미래의 인공지능은 친구일까 적일까

가 인공지능이 발달한 미래를 그린 영화들을 보면 인공지능이 친구가 되는 미래도 나오고 적이 되는 미래도 나온다. 이 두 종류의 미래에서 어떤 차이점이 보였는지 생각해 보자.

나 19세기 영국에서 자동차가 등장하자 마차 업자들은 자동차를 직업을 빼앗는 적으로 여겼다. 그들의 반대로 인해 빅토리아 여왕은 결국 적기조례(Red Flag Act)라는 법을 만들고 이는 영국에서 자동차의 발전을 더디게 했다는 평을 받고 있다. 이처럼 인공지능 이전 기계를 인간의 적으로 여겼던 사례는 무엇이 있는지 알아보고 현재의 상황과 비교해 보자.

다 1800년대 세탁기가 발명되면서 여성에게 새로운 삶을 선사했다. 장하준 케임브리지대 교수는 세탁기가 인터넷보다 세상에 더 큰 변화를 일으켰다고 주장했다. 인공지능도 세탁기 못지않은 파급력을 줄 수 있는 기술로 여겨지고 있다. 이처럼 기술이 탄생하면서 인류의 생활이 변한 사례를 찾아보자. 인공지능으로 변화할 인간의 삶에 대해서도 함께 생각해보자.

맺음말

"사람은 자연을 이길 수 없다."

코로나19로 지구촌이 거의 마비되면서 이 말의 위대함을 다시 실감했습니다.

인간은 그동안 비약적인 과학기술을 발전시켰지만 눈에 보이지도 않는 바이러스 한 종에 힘없이 무너져 버렸습니다. 가지고 있는 모든 기술을 총동원해 자연과 맞서 싸워보려 했지만 턱없이 부족한 힘에 좌절하고 또 좌절했습니다.

지구촌 전체를 충격을 빠뜨린 이 질병에 대항하려면 지금까지 인간이 가지고 있는 능력을 뛰어넘은 뭔가가 필요해 보입니다. 그 하나로 여겨지고 있는 것이 바로 인공지능입니다. 세계 인공지능 개발업체들은 코로나19를 막아내기 위해 앞다투어 치료제와 백신 개발에 뛰어들었습니다.

여기저기 고성능 인공지능들이 현존하는 약물들을 검사하고 분석해서 알맞은 치료제를 찾고 있습니다. 인공지능은 주로 코로나19와 관련한 세계 곳곳의 문서를 수집하고 바이러스의 구조와 DNA에 대한 연구를 진행합니다. 그리고 기존에 나와 있는 약물과 적합성을 분석하는 작업들을 수행했습니다. 사람이라면 수십 년이 걸릴지도 모르는 일을 몇 달, 몇 주 만에 분석을 마쳤다는 보고가 여기저기서 터져 나왔습니다. 우리나라 한국과학기술정보연구원도 현존하는 2만 여종의 약물 중에서 코로나19의 치료제로 사용할 수 있는 후보군을 찾아냈습니다.

하지만 안타깝게도 확실한 치료제 개발에 성공했다는 뉴스는 이 책을 집필하는 사이에는 아직 나오고 있지 있습니다.

인공지능은 4차 산업혁명이라는 단어를 만들어 내는데 가장 큰 공헌을 했을 정도로 대단한 기술입니다. 4차 산업혁명이라는 단어 하나에 정부의 정책 기조가 바뀌고 아이들의 교육 방향까지 변화해 버렸습니다. 하지만 이 인공지능도 책에서 다루었듯이 생각보다 꽤 오랜 시간 동안 연구와 좌절을 거쳐 왔습니다. 코로나19, 이 단 하나의 바이러스는 그러한 시간을 비웃기라도 하듯 1년도 되지 않아 세상을 뒤흔들었습니다. 어쩌면 4차 산업혁명보다 더 빠르고 격하게 인간계를 바꿔 놓은 셈입니다. '인간은 역시 자연 앞에 무기력하구나.'하고 고개를 숙이게 합니다.

이런 상황에서 왜 저는 지금 이 책을 쓰고 있고 여러분이 인공지능에 대해 조금 더 관심을 가졌으면 하는 걸까요? 바로 헤밍웨이의 노인과 바다에 나오는 이 한 문장 때문입니다.

"인간은 패배하기 위해 만들어지지 않았다."

아이러니하게도 코로나19에 대한 두려움은 한때 우리가 가졌던 인공지능에 대한 두려움과 겹쳐 보입니다. 인간은 자신들이 모르는 존재에 대해 막연한 두려움을 가지고 있습니다. 그러면서도 그것을 하나하나 배우고 알아가면서 발전하고 성장해, 결국 이겨내는 것이 인간이 가진 장점입니다. 코로나19를 배우고 알아가면서 이겨내자는 이야기냐고요? 물론 그런 의미도 있지만 현재 이런 인간의 장점을 가장 잘 도와줄 수 있는 것이 인공지능이라는 얘기입니다.

인공지능이 당장 코로나19를 시원하게 물리치는 모습을 보여주지는 못하지만 조만간 인간과 힘을 합쳐 해결할 수 있다고 믿습니다. 만

서울시가 진행하는 코로나19 'AI 모니터링 콜시스템'

약 바이러스가 아닌 다른 알 수 없는 위협이 인간을 노리더라도 보다 발전한 다음 기술이 인간과 머리를 맞대고 어려움을 돌파해 나갈 겁니다. 우리는 지금까지 계속 그렇게 살아왔고 발전해 왔으니까요.

그렇기 때문에 우리는 새로운 기술을 배척하지 말고 열린 마음으로 받아들여야 합니다. 4차 산업혁명을 이끌어 가리라 여겨지는 모든 기술은 물론이고, 앞으로 탄생할 미지의 기술도 마찬가지입니다. 그리고 당분간 그 모든 중심에 인공지능이 있을 것이라는 사실에 이견을 다는 사람은 거의 없을 것입니다.

책에서 이야기한 것처럼 인공지능의 활용 범위와 발전 가능성은 무궁무진합니다. 코로나19 같은 팬데믹 현상의 해결은 물론이고 인간의 수많은 역경을 돌파해 나가는 데 인공지능이 큰 도움이 되리라 확신합니다.